학기별 계산력 강화 프로그램

바쁜
6학년을

빠른
교과서
연산

수학 전문학원의
연산 꿀팁으로
계산이 빨라져요!

학교 진도
맞춤 연산 6-2학기

이지스에듀

저자 소개

징검다리 교육연구소는 바쁜 친구들을 위한 빠른 학습법을 연구하는 이지스에듀의 공부 연구소입니다. 아이들이 기계적으로 공부하지 않도록, 두뇌가 활성화되는 과학적 학습 설계가 적용된 책을 만듭니다.

최순미 선생님은 징검다리 교육연구소의 대표 저자입니다. 이지스에듀에서 《바쁜 5·6학년을 위한 빠른 연산법》과 《바쁜 3·4학년을 위한 빠른 연산법》, 《바쁜 1·2학년을 위한 빠른 연산법》 시리즈를 집필, 새로운 교육 과정에 걸맞은 연산 교재로 새 바람을 불러일으켰습니다. 지난 20여 년 동안 EBS, 디딤돌 등과 함께 100여 종이 넘는 교재 개발에 참여해 왔으며 《EBS 초등 기본서 만점왕》, 《EBS 만점왕 평가문제집》 등의 참고서 외에도 《눈높이수학》 등 수십 종의 교재 개발에 참여해 온, 초등 수학 전문 개발자입니다.

바빠 교과서 연산 시리즈 ⑫

바쁜 6학년을 위한
빠른 교과서 연산 6-2학기

초판 1쇄 발행 2019년 12월 30일
초판 7쇄 발행 2024년 9월 5일
지은이 징검다리 교육연구소, 최순미
발행인 이지연
펴낸곳 이지스퍼블리싱(주)
출판사 등록번호 제313-2010-123호
주소 서울시 마포구 잔다리로 109 이지스 빌딩 5층(우편번호 04003)
대표전화 02-325-1722   팩스 02-326-1723
이지스퍼블리싱 홈페이지 www.easyspub.com   이지스에듀 카페 www.easysedu.co.kr
바빠 아지트 블로그 blog.naver.com/easyspub   인스타그램 @easys_edu
페이스북 www.facebook.com/easyspub2014   이메일 service@easyspub.co.kr

기획 및 책임 편집 박지연, 조은미, 정지연, 김현주, 이지혜 교정 박현진 문제풀이 이홍주 감수 한정우
일러스트 김학수 표지 및 내지 디자인 이유경, 정우영 전산편집 아이에스 인쇄 보광문화사
영업 및 문의 이주동, 김요한(support@easyspub.co.kr) 독자 지원 박애림, 김수경 마케팅 라혜주

이 책의 PDF판 전자책도 온라인 서점에서 구매할 수 있습니다.
교사나 부모님들이 스마트폰이나 패드로 보시면 유용합니다.

ISBN 979-11-6303-128-4 64410
ISBN 979-11-6303-032-4(세트)
가격 9,000원

• **이지스에듀**는 이지스퍼블리싱의 교육 브랜드입니다.
(이지스에듀는 학생들을 탈락시키지 않고 모두 목적지까지 데려가는 책을 만듭니다!)

덜 공부해도 더 빨라지네? 왜 그럴까?

⭐ **이번 학기에 필요한 연산을 한 권에 담은 두 번째 수학 익힘책!**

'바빠 교과서 연산'은 이번 학기에 필요한 연산만 모아 똑똑한 방식으로 훈련하는 '학교 진도 맞춤 연산 책'입니다. 실제 요즘 학교에서 배우는 방식으로 설명하고, 작은 발걸음 방식으로 차근차근 문제를 풀도록 배치했습니다. 교과서 부교재처럼 이 책을 푼 후, 학교에 가면 반복 학습 효과가 높을 뿐 아니라 수학에 자신감도 생깁니다.

⭐⭐ **친구들이 자주 틀린 연산 집중 훈련으로 똑똑하게 완성!**

공부는 양보다 질이 더 중요합니다. 쉬운 연산을 반복해서 풀기보다는 내가 약한 연산을 강화해야 실력이 쌓입니다. 그래서 이 책은 연산의 기본기를 다진 다음 친구들이 자주 틀리는 연산만 따로 모아 집중 훈련합니다. 또래 친구들이 자주 틀린 문제를 나도 틀릴 확률이 높기 때문이지요.

또 '내가 틀린 문제'를 따로 적어 한 번 더 복습합니다. 이렇게 훈련하면 적은 시간을 공부해도 연산 실수를 확실히 줄일 수 있습니다. 5분을 풀어도 15분 푼 것과 같은 효과를 누릴 수 있는 거죠!

친구들이 자주 틀린 연산을 연습하니 더 빨라!

⭐⭐⭐ **수학 전문학원들의 연산 꿀팁이 담겨 적은 분량을 공부해도 효과적!**

기존의 연산 책들은 계산 속도가 빨라지는 비법을 알려주는 대신 무지막지한 양을 풀게 해 아이들이 연산에 질리는 경우가 많았습니다. 바빠 교과서 연산은 수학 전문학원 원장님들의 노하우가 담긴 연산 꿀팁을 곳곳에 담아, 적은 분량을 훈련해도 계산이 더 빨라집니다!

⭐⭐⭐⭐ **목표 시계는 압박하지 않으면서 집중하게 도와 줘요!**

각 쪽마다 목표 시간이 적힌 시계가 있습니다. 이 시계는 속도를 독촉하기 위한 게 아니에요. 제시된 목표 시간은 딴짓하지 않고 풀면 보통의 6학년이 풀 수 있는 시간입니다. 시간 안에 풀었다면 웃는 얼굴 ☺에, 못 풀었다면 찡그린 얼굴 ☹에 색칠하세요.

이 책을 끝까지 푼 후, 찡그린 얼굴에 색칠한 쪽만 복습한다면 정말 효과 높은 나만의 맞춤 연산 강화 훈련이 될 거예요.

1. 연산도 학기 진도에 맞추면 효율적! — 학교 진도에 맞춘 학기별 연산 훈련서

'바빠 교과서 연산'은 최근 개정된 초등 수학 교과서의 단원을 제시한 연산 책입니다! 이번 학기
수학 교육과정이 요구하는 연산을 한 권에 모아 훈련할 수 있습니다.

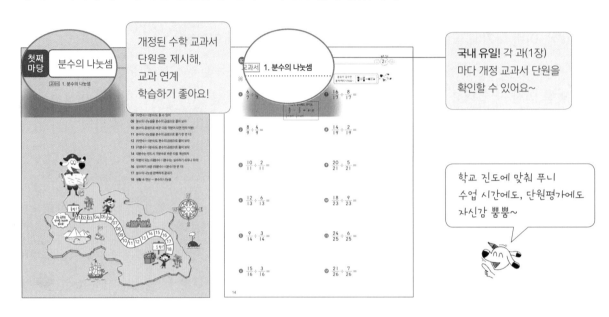

2. '앗 실수'와 '내가 틀린 문제'로 시간을 낭비하지 않는 똑똑한 훈련법!

'앗! 실수' 코너로 친구들이 자주 틀리는 연산을 한 번 더 훈련하고 '내가 틀린 문제'도 직접 쓰고
복습합니다. 약한 연산에 집중하는 것이 바로 시간을 허비하지 않는 비법입니다.

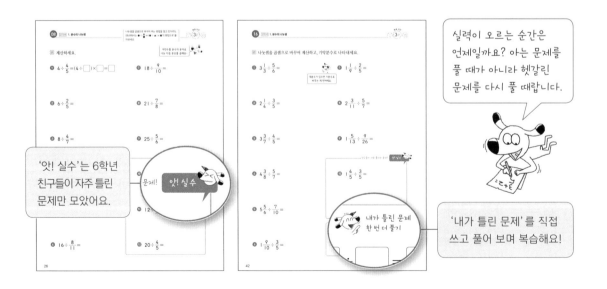

3. 수학 전문학원의 연산 꿀팁과 목표 시계로 학습 효과를 2배 더 높였다!

이 책에는 수학 전문학원 원장님들의 노하우가 담긴 연산 꿀팁이 가득 담겨 있습니다. 또 6학년이 충분히 풀 수 있는 목표 시간을 제시하여 집중하는 재미와 성취감까지 동시에 느낄 수 있습니다.

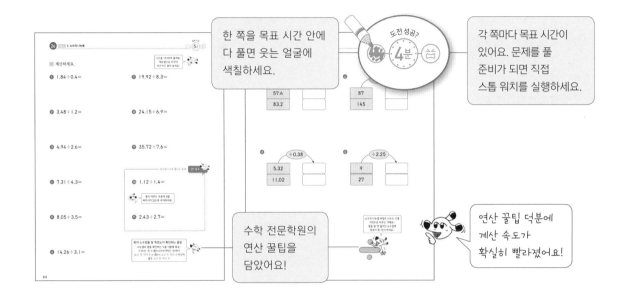

한 쪽을 목표 시간 안에 다 풀면 웃는 얼굴에 색칠하세요.

각 쪽마다 목표 시간이 있어요. 문제를 풀 준비가 되면 직접 스톱 워치를 실행하세요.

수학 전문학원의 연산 꿀팁을 담았어요!

연산 꿀팁 덕분에 계산 속도가 확실히 빨라졌어요!

4. 보너스! 기초 문장제로 확인하고 다양한 활동으로 수 응용력까지 키운다!

개정된 교육과정부터 시험의 절반 이상을 서술형으로 바꾸도록 권장하는 등 점점 '서술형'의 비중이 높아지고 있습니다. 따라서 연산 훈련도 문장제까지 이어 주면 효과적입니다. 각 마당의 공부가 끝나면 '생활 속 문장제'와 '맛있는 연산 활동'으로 수 감각과 응용력을 키우며 마무리합니다.

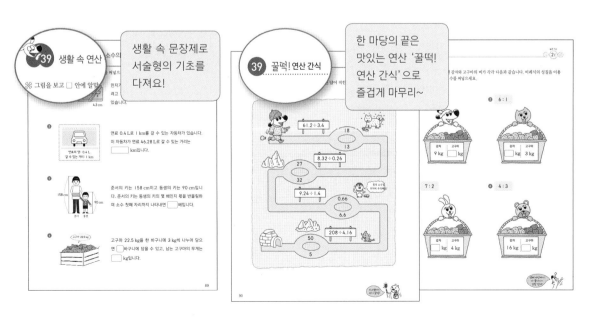

생활 속 문장제로 서술형의 기초를 다져요!

한 마당의 끝은 맛있는 연산 '꿀떡! 연산 간식' 으로 즐겁게 마무리~

목차

연산 훈련이 필요한 학교 진도 확인하기

교과서 1. 분수의 나눗셈

- 분모가 같은 (분수)÷(분수)
- 분모가 다른 (분수)÷(분수)
- (자연수)÷(분수)
- (분수)÷(분수)를 (분수)×(분수)로 계산하기

지도 길잡이 교과서에서는 분수의 나눗셈을 아래 두 가지 방법 모두 연습합니다.
1) 두 분수를 통분하여 계산하기
2) 분수의 나눗셈을 분수로 곱셈으로 바꾸어 계산하기
두 분수를 통분하여 계산하는 방법을 먼저 익히면 분수의 나눗셈 원리를 이해하는 데 도움이 됩니다. 08과까지는 2)의 방법을 이미 알고 있더라도 1)의 방법으로 풀게 하세요.

분수의 나눗셈에서 자주 하는 실수는 나눗셈 상태에서 바로 약분하는 것입니다. 반드시 곱셈으로 바꾼 다음 약분하도록 지도해 주세요.

교과서 2. 소수의 나눗셈

- 자릿수가 같은 (소수)÷(소수)
- 자릿수가 다른 (소수)÷(소수)
- (자연수)÷(소수)
- 나눗셈의 몫을 반올림하여 나타내기
- 나누어 주고 남는 양 계산하기

지도 길잡이 소수의 나눗셈의 비결은 나누는 수를 자연수로 바꾸는 것입니다. 몫을 쓸 땐 반드시 옮겨진 소수점을 올려 찍도록 지도해 주세요.
나눗셈을 한 후 (나누는 수)×(몫)=(나누어지는 수)로 몫을 바르게 구했는지 확인하는 것도 좋은 습관입니다.

셋째 마당 · 비례식과 비례배분 ······· 91

[교과서] 4. 비례식과 비례배분

• 비의 성질 알기, 간단한 자연수의 비로 나타내기
• 비례식 알기, 비례식을 활용하기
• 비례배분을 하기

[지도 길잡이] 비의 성질과 비례식의 성질을 정확하게 알고 이용할 수 있도록 지도해 주세요.
비례배분한 결과의 합은 전체 수와 같다는 것을 이용하여 문제를 푼 다음 답이 맞는지 확인하는 습관을 들여 주세요.

넷째 마당 · 원의 넓이 ······· 119

[교과서] 5. 원의 넓이

• 원주율을 이용하여 원주와 지름 구하기
• 원의 넓이 구하기
• 여러 가지 원의 넓이 구하기

[지도 길잡이] 원주와 원의 넓이를 구하는 공식은 외워서 바로 떠오르게 연습해야 시간을 단축할 수 있습니다. 반드시 공식을 외우고 풀도록 지도해 주세요.
개정 교육과정에서는 원주율의 근삿값을 3.14로만 계산하지 않고 3, 3.1, 3.14로 모두 연습합니다.

☆ 나만의 공부 계획을 세워 보자

나는?

☑ 저는 수학 문제집만 보면 졸려요.

☑ 예습하는 거예요.

☑ 초등 6학년 2학기 수학 문제집을 처음 풀어요.

하루 한 장 60일 완성!

1~59일차	하루에 한 과 (1장)씩 공부!
60일차	60과, 틀린 문제 복습

나는?

☑ 자꾸 연산 실수를 해서 속상해요.

☑ 지금 6학년 2학기예요.

☑ 초등 6학년으로, 수학 실력이 보통이에요.

하루 두 장 30일 완성!

1~29일차	하루에 두 과 (2장)씩 공부!
30일차	59과, 60과, 틀린 문제 복습

나는?

☑ 저는 더 빨리 풀고 싶어요.

☑ 수학을 잘하지만 실수를 줄이고 싶어요.

☑ 복습하는 거예요.

하루 세 장 20일 완성!

1~19일차	하루에 세 과 (3장)씩 공부!
20일차	58~60과, 틀린 문제 복습

▶ 이 책을 푸는 친구들에게!

1. 하루 딱 10분,
연산 공부 시간을 만들어 봐요!

2. 목표 시간은
속도를 재촉하기 위한 것이 아니라 공부 집중력을 위한 장치예요.

목표 시간 3분

6학년이라면 스스로 공부하는 습관을 들여 봐요. 초등 연산을 튼튼히 다지면 중학교 연산도 문제없답니다. 한 장에 10분 내외면 충분해요. 나만의 연산 시간을 만들어 집중해 보세요!

책 속에 제시된 목표 시간은 속도 측정용이 아니라 정확하게 풀 수 있는 넉넉한 시간이에요. 복습용으로 푼다면 목표 시간보다 빨리 푸는 게 좋아요.

♥ 다 풀면 계산이 빨라지는 속도가 눈에 보일 거예요! ♥

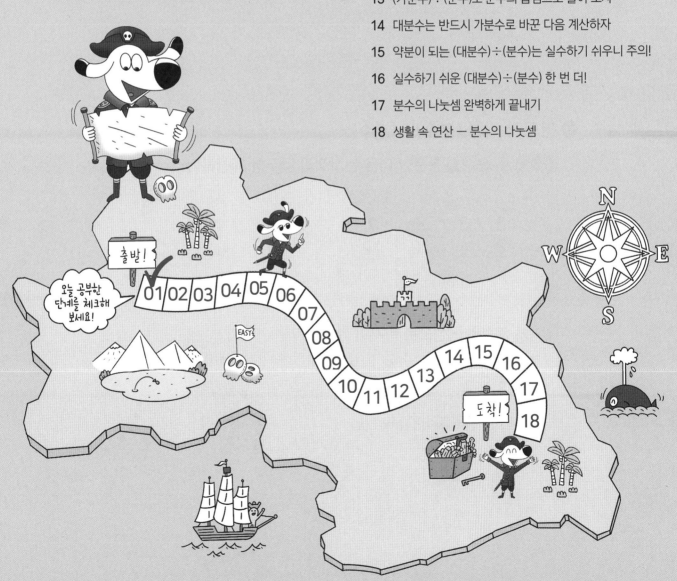

출발!

오늘 공부한 단계를 체크해 보세요!

EASY!

01 02 03 04 05 06 07 08 09 10 11 12 13 14 15 16 17 18

도착!

💡 바빠 개념 쏙쏙!

☆ 분모가 같은 (분수)÷(분수)

① 분자끼리 나누어떨어지는 경우

분모가 같으면 분자끼리 나눠요.

$$\frac{4}{5} \div \frac{2}{5} = 4 \div 2 = 2$$

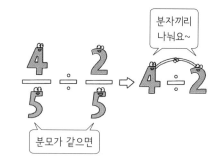

분자끼리 나눠요~

분모가 같으면

② 분자끼리 나누어떨어지지 않는 경우

분모가 같으면 분자끼리 나눠요.

$$\frac{5}{7} \div \frac{3}{7} = 5 \div 3 = \frac{5}{3} = 1\frac{2}{3}$$

분자끼리 나누어떨어지지 않으면 몫을 분수로 나타내요.

☆ 분모가 다른 (분수)÷(분수)

방법 1 두 분수를 통분한 다음 분자끼리 나누어 계산하기

분자끼리 나눠요.

$$\frac{2}{3} \div \frac{3}{4} = \frac{8}{12} \div \frac{9}{12} = 8 \div 9 = \frac{8}{9}$$

통분해요.

방법 2 분수의 곱셈으로 바꾸어 계산하기

$$\frac{2}{3} \div \frac{3}{4} = \frac{2}{3} \times \frac{4}{3} = \frac{8}{9}$$

분모와 분자를 바꾸어 곱셈으로 계산해요.

나눗셈을 곱셈으로 바꿀 땐

나누는 수를 뒤집어~

01 분모가 같은 (진분수)÷(단위분수)는 쉬워

목표시간 2분

계산하세요.

❶ $\frac{3}{4} \div \frac{1}{4} = $ 3

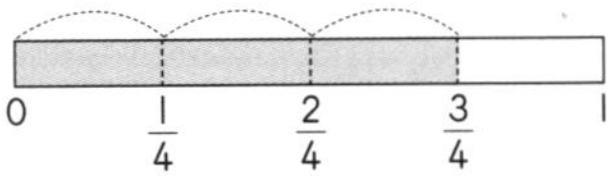

$\frac{3}{4}$에서 $\frac{1}{4}$을 3번 덜어 낼 수 있어요.

$\frac{3}{4}-\frac{1}{4}-\frac{1}{4}-\frac{1}{4}=0 \Rightarrow \frac{3}{4} \div \frac{1}{4}=3$

3번

❷ $\frac{4}{5} \div \frac{1}{5} = $ ☐ (4÷1)

$\frac{4}{5}$에서 $\frac{1}{5}$을
몇 번 덜어 낼 수 있을까요?

❸ $\frac{5}{6} \div \frac{1}{6} =$

❹ $\frac{4}{7} \div \frac{1}{7} =$

❺ $\frac{7}{8} \div \frac{1}{8} =$

❻ $\frac{8}{9} \div \frac{1}{9} =$

❼ $\frac{9}{10} \div \frac{1}{10} =$

❽ $\frac{6}{11} \div \frac{1}{11} =$

❾ $\frac{11}{12} \div \frac{1}{12} =$

❿ $\frac{10}{13} \div \frac{1}{13} =$

⓫ $\frac{13}{14} \div \frac{1}{14} =$

⓬ $\frac{2}{15} \div \frac{1}{15} =$

목표 시간 2분

✿ 계산하세요.

분자끼리만 나누면 되네!

① $\dfrac{3}{5} \div \dfrac{1}{5} = \boxed{}$ ⟨3÷1⟩

⑦ $\dfrac{7}{12} \div \dfrac{1}{12} =$

② $\dfrac{6}{7} \div \dfrac{1}{7} =$

⑧ $\dfrac{12}{13} \div \dfrac{1}{13} =$

③ $\dfrac{5}{8} \div \dfrac{1}{8} =$

⑨ $\dfrac{9}{14} \div \dfrac{1}{14} =$

④ $\dfrac{4}{9} \div \dfrac{1}{9} =$

⑩ $\dfrac{11}{15} \div \dfrac{1}{15} =$

⑤ $\dfrac{7}{10} \div \dfrac{1}{10} =$

⑪ $\dfrac{15}{16} \div \dfrac{1}{16} =$

⑥ $\dfrac{10}{11} \div \dfrac{1}{11} =$

⑫ $\dfrac{14}{17} \div \dfrac{1}{17} =$

02 분모가 같으면 분자끼리만 나누면 돼

✖ 계산하세요.

분모가 같은 나눗셈은
분자끼리만 나누니 쉽네!

분모가 같으면 분자끼리 나눠요.

1 $\dfrac{4}{5} \div \dfrac{2}{5} = 4 \div 2 = \boxed{}$

$\dfrac{4}{5}$에서 $\dfrac{2}{5}$를 2번 덜어 낼 수 있어요.

2 $\dfrac{6}{7} \div \dfrac{3}{7} = 6 \div \boxed{} = \boxed{}$

3 $\dfrac{8}{9} \div \dfrac{2}{9} = \boxed{}$ $8 \div 2$

$\dfrac{8}{9}$에서 $\dfrac{2}{9}$를
몇 번 덜어 낼 수 있을까요?

4 $\dfrac{9}{10} \div \dfrac{3}{10} =$

5 $\dfrac{10}{11} \div \dfrac{5}{11} =$

6 $\dfrac{12}{13} \div \dfrac{3}{13} =$

7 $\dfrac{14}{15} \div \dfrac{7}{15} =$

8 $\dfrac{12}{17} \div \dfrac{2}{17} =$

9 $\dfrac{16}{19} \div \dfrac{4}{19} =$

10 $\dfrac{20}{21} \div \dfrac{10}{21} =$

11 $\dfrac{21}{22} \div \dfrac{7}{22} =$

12 $\dfrac{18}{23} \div \dfrac{3}{23} =$

목표 시간 2분

계산하세요.

분모가 같으면 분자끼리 나눠요~
$\frac{\blacksquare}{\blacksquare} \div \frac{\blacktriangle}{\blacksquare} = \bullet \div \blacktriangle$

① $\dfrac{6}{7} \div \dfrac{2}{7} = 6 \div \boxed{} = \boxed{}$

이렇게 생각해도 좋아요.

$\dfrac{6}{7} \div \dfrac{2}{7} \Rightarrow 6 \div 2$

$\frac{1}{7}$이 6개 $\frac{1}{7}$이 2개

② $\dfrac{8}{9} \div \dfrac{4}{9} =$

③ $\dfrac{10}{11} \div \dfrac{2}{11} =$

④ $\dfrac{12}{13} \div \dfrac{6}{13} =$

⑤ $\dfrac{9}{14} \div \dfrac{3}{14} =$

⑥ $\dfrac{15}{16} \div \dfrac{3}{16} =$

⑦ $\dfrac{16}{17} \div \dfrac{8}{17} =$

⑧ $\dfrac{14}{19} \div \dfrac{2}{19} =$

⑨ $\dfrac{20}{21} \div \dfrac{5}{21} =$

⑩ $\dfrac{18}{23} \div \dfrac{9}{23} =$

⑪ $\dfrac{24}{25} \div \dfrac{6}{25} =$

⑫ $\dfrac{21}{26} \div \dfrac{7}{26} =$

03 분자끼리 나누어떨어지지 않으면 몫을 분수로!

목표 시간 2분

계산하세요.

분모가 같으면 분자끼리 나눠요.

❶ $\frac{2}{5} \div \frac{3}{5} = 2 \div 3 = \frac{\square}{3}$

분자끼리 나누어떨어지지 않으면 몫을 분수로 나타내요.

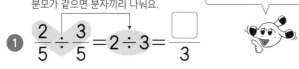

❷ $\frac{4}{7} \div \frac{5}{7} = 4 \div \square = \frac{4}{\square}$

기억나죠?
나누는 수를 분모로!

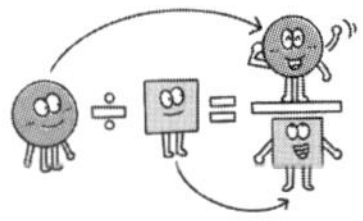

❸ $\frac{3}{8} \div \frac{7}{8} = \frac{\square}{7}$

과정을 한 단계 줄여 볼까요?

❹ $\frac{5}{9} \div \frac{8}{9} =$

❺ $\frac{7}{10} \div \frac{9}{10} =$

❻ $\frac{3}{11} \div \frac{10}{11} =$

❼ $\frac{5}{12} \div \frac{7}{12} =$

❽ $\frac{4}{13} \div \frac{9}{13} =$

❾ $\frac{9}{14} \div \frac{13}{14} =$

❿ $\frac{7}{16} \div \frac{11}{16} =$

⓫ $\frac{8}{17} \div \frac{15}{17} =$

⓬ $\frac{13}{18} \div \frac{17}{18} =$

목표 시간 **2분**

❀ 계산하세요.

분모가 같으면 분자끼리 나눠요~

$$\frac{\blacktriangle}{\blacksquare} \div \frac{\bullet}{\blacksquare} = \blacktriangle \div \bullet = \frac{\blacktriangle}{\bullet}$$

① $\dfrac{5}{7} \div \dfrac{6}{7} = \dfrac{\square}{6}$

⑦ $\dfrac{5}{14} \div \dfrac{13}{14} =$

② $\dfrac{3}{8} \div \dfrac{5}{8} =$

⑧ $\dfrac{7}{15} \div \dfrac{11}{15} =$

③ $\dfrac{4}{9} \div \dfrac{7}{9} =$

⑨ $\dfrac{9}{17} \div \dfrac{14}{17} =$

④ $\dfrac{7}{11} \div \dfrac{9}{11} =$

⑩ $\dfrac{11}{18} \div \dfrac{15}{18} =$

⑤ $\dfrac{5}{12} \div \dfrac{11}{12} =$

⑪ $\dfrac{13}{19} \div \dfrac{18}{19} =$

⑥ $\dfrac{9}{13} \div \dfrac{10}{13} =$

⑫ $\dfrac{16}{21} \div \dfrac{19}{21} =$

목표 시간
2분

✖ 계산하세요.

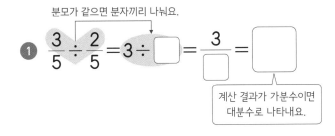

분모가 같으면 분자끼리 나눠요.

① $\dfrac{3}{5} \div \dfrac{2}{5} = 3 \div \boxed{} = \dfrac{3}{\boxed{}} = \boxed{}$

계산 결과가 가분수이면 대분수로 나타내요.

⑦ $\dfrac{11}{12} \div \dfrac{5}{12} =$

② $\dfrac{5}{7} \div \dfrac{4}{7} = \dfrac{\boxed{}}{4} = \boxed{}$

과정을 한 단계 줄여 속도를 높여 봐요.

⑧ $\dfrac{9}{13} \div \dfrac{2}{13} =$

③ $\dfrac{7}{8} \div \dfrac{3}{8} =$

⑨ $\dfrac{13}{14} \div \dfrac{9}{14} =$

④ $\dfrac{8}{9} \div \dfrac{5}{9} =$

⑩ $\dfrac{11}{15} \div \dfrac{8}{15} =$

⑤ $\dfrac{9}{10} \div \dfrac{7}{10} =$

⑪ $\dfrac{15}{16} \div \dfrac{7}{16} =$

⑥ $\dfrac{10}{11} \div \dfrac{3}{11} =$

⑫ $\dfrac{15}{17} \div \dfrac{13}{17} =$

답을 가분수로 나타내어도 틀린 것은 아니지만 대분수로 간단히 나타내는 습관을 기르는 게 좋아요.

목표 시간 2분

계산하세요.

1. $\frac{4}{7} \div \frac{3}{7} = \frac{\square}{3} = \square$

2. $\frac{7}{8} \div \frac{5}{8} =$

3. $\frac{5}{9} \div \frac{2}{9} =$

4. $\frac{9}{11} \div \frac{2}{11} =$

5. $\frac{11}{12} \div \frac{7}{12} =$

6. $\frac{8}{13} \div \frac{3}{13} =$

7. $\frac{9}{14} \div \frac{5}{14} =$

8. $\frac{13}{15} \div \frac{4}{15} =$

9. $\frac{15}{16} \div \frac{11}{16} =$

10. $\frac{10}{17} \div \frac{3}{17} =$

11. $\frac{11}{18} \div \frac{5}{18} =$

12. $\frac{16}{19} \div \frac{9}{19} =$

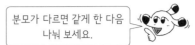
분모가 다르면 같게 한 다음 나눠 보세요.

통분하여 계산하세요.

분자끼리 나눠요.

1 $\dfrac{1}{3} \div \dfrac{1}{6} = \dfrac{2}{6} \div \dfrac{1}{6} = \boxed{} \div \boxed{} = \boxed{}$

통분해요.

분모의 최소공배수로 통분하면 수가 간단해져서 계산이 편리해요.

7 $\dfrac{2}{5} \div \dfrac{1}{20} =$

2 $\dfrac{1}{2} \div \dfrac{1}{8} = \dfrac{\boxed{}}{8} \div \dfrac{1}{8} = \boxed{}$

과정을 한 단계 줄여 볼까요?

8 $\dfrac{5}{6} \div \dfrac{5}{18} =$

3 $\dfrac{2}{3} \div \dfrac{1}{9} =$

9 $\dfrac{3}{8} \div \dfrac{3}{16} =$

4 $\dfrac{3}{4} \div \dfrac{1}{12} =$

10 $\dfrac{9}{10} \div \dfrac{3}{20} =$

5 $\dfrac{2}{5} \div \dfrac{2}{15} =$

11 $\dfrac{4}{9} \div \dfrac{4}{27} =$

6 $\dfrac{3}{7} \div \dfrac{3}{14} =$

12 $\dfrac{7}{8} \div \dfrac{7}{32} =$

나눗셈을 곱셈으로 바꾸어 계산하는 방법을 알고 있더라도 05과에서는 두 분수를 통분하여 풀어 보세요.

목표 시간 3분

통분하여 계산하세요.

통분을 먼저 해 보세요!
그 다음은 분자끼리만
나누면 되니 어렵지 않아요~

❶ $\frac{1}{4} \div \frac{1}{8} = \frac{\square}{8} \div \frac{1}{8} = \square$

분모의 최소공배수로 통분하면 수가 간단해져서 계산이 편리해요.

❷ $\frac{1}{6} \div \frac{1}{18} =$

❸ $\frac{2}{3} \div \frac{1}{12} =$

❹ $\frac{3}{5} \div \frac{3}{10} =$

❺ $\frac{4}{7} \div \frac{2}{21} =$

❻ $\frac{5}{8} \div \frac{5}{24} =$

❼ $\frac{1}{2} \div \frac{1}{16} =$

❽ $\frac{4}{5} \div \frac{4}{25} =$

❾ $\frac{6}{7} \div \frac{3}{28} =$

❿ $\frac{8}{9} \div \frac{4}{45} =$

⓫ $\frac{7}{10} \div \frac{7}{30} =$

⓬ $\frac{10}{11} \div \frac{10}{33} =$

✂ 통분하여 계산하세요.

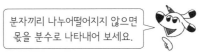
분자끼리 나누어떨어지지 않으면 몫을 분수로 나타내어 보세요.

분자끼리 나눠요.

① $\dfrac{1}{2} \div \dfrac{2}{3} = \dfrac{\boxed{}}{6} \div \dfrac{4}{6} = \boxed{} \div 4 = \dfrac{\boxed{}}{4}$

통분해요.

⑦ $\dfrac{2}{5} \div \dfrac{7}{8} =$

② $\dfrac{1}{3} \div \dfrac{3}{4} = \dfrac{\boxed{}}{12} \div \dfrac{9}{12} = \dfrac{\boxed{}}{9}$

과정을 한 단계 줄여 속도를 높여 봐요.

⑧ $\dfrac{5}{8} \div \dfrac{4}{5} =$

③ $\dfrac{1}{5} \div \dfrac{4}{9} =$

⑨ $\dfrac{4}{9} \div \dfrac{5}{7} =$

④ $\dfrac{2}{7} \div \dfrac{3}{4} =$

⑩ $\dfrac{8}{11} \div \dfrac{3}{4} =$

⑤ $\dfrac{2}{3} \div \dfrac{7}{10} =$

⑪ $\dfrac{7}{12} \div \dfrac{3}{5} =$

⑥ $\dfrac{4}{9} \div \dfrac{3}{5} =$

⑫ $\dfrac{8}{13} \div \dfrac{3}{4} =$

나눗셈을 곱셈으로 바꾸어 계산하는 방법을 알고 있더라도 06과에서는 두 분수를 통분하여 풀어 보세요.

목표 시간 **3분**

🔧 통분하여 계산하고, 기약분수로 나타내세요.

계산 결과가 약분이 되면 약분하여 기약분수로 나타내요.

① $\dfrac{1}{2} \div \dfrac{3}{5} = \dfrac{\square}{10} \div \dfrac{6}{10} = \dfrac{\square}{6}$

⑦ $\dfrac{1}{4} \div \dfrac{7}{10} =$

② $\dfrac{1}{3} \div \dfrac{4}{7} =$

⑧ $\dfrac{4}{5} \div \dfrac{6}{7} =$

③ $\dfrac{3}{5} \div \dfrac{2}{3} =$

⑨ $\dfrac{3}{8} \div \dfrac{9}{11} =$

친구들이 자주 틀리는 문제! 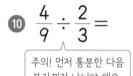 앗! 실수

④ $\dfrac{2}{7} \div \dfrac{3}{8} =$

⑩ $\dfrac{4}{9} \div \dfrac{2}{3} =$

주의! 먼저 통분한 다음 분자끼리 나눠야 해요.

⑤ $\dfrac{3}{10} \div \dfrac{2}{3} =$

⑪ $\dfrac{6}{11} \div \dfrac{3}{4} =$

⑥ $\dfrac{3}{11} \div \dfrac{4}{5} =$

⑫ $\dfrac{4}{15} \div \dfrac{4}{9} =$

07 분모가 다르면 통분 먼저! 몫을 대분수로 나타내자

 목표 시간 3분

✂ 통분하여 계산하세요.

> 분모가 다르면 같게 한 다음 나눠 보세요.

분자끼리 나눠요.

① $\dfrac{1}{2} \div \dfrac{2}{9} = \dfrac{\square}{18} \div \dfrac{\square}{18} = \square \div \square$

통분해요.

$= \dfrac{\square}{4} = \square$ ← 계산 결과가 가분수이면 대분수로 나타내요.

⑦ $\dfrac{7}{15} \div \dfrac{1}{4} =$

② $\dfrac{3}{4} \div \dfrac{1}{3} = \dfrac{\square}{12} \div \dfrac{4}{12} = \dfrac{\square}{4} = \square$

⑧ $\dfrac{4}{5} \div \dfrac{3}{8} =$

③ $\dfrac{2}{3} \div \dfrac{1}{5} =$

⑨ $\dfrac{5}{7} \div \dfrac{3}{5} =$

④ $\dfrac{5}{6} \div \dfrac{2}{7} =$

⑩ $\dfrac{8}{9} \div \dfrac{5}{7} =$

⑤ $\dfrac{3}{7} \div \dfrac{2}{9} =$

⑪ $\dfrac{10}{11} \div \dfrac{3}{4} =$

⑥ $\dfrac{7}{8} \div \dfrac{2}{3} =$

⑫ $\dfrac{11}{12} \div \dfrac{2}{5} =$

나눗셈을 곱셈으로 바꾸어 계산하는 방법을 알고 있더라도 07과에서는 두 분수를 통분하여 풀어 보세요.

목표 시간 **3분**

✂ 통분하여 계산하고, 기약분수로 나타내세요.

계산 결과가 약분이 되면 약분하여 기약분수로 나타내요.

❶ $\dfrac{2}{3} \div \dfrac{5}{8} = \dfrac{\boxed{}}{24} \div \dfrac{15}{24} = \dfrac{\boxed{}}{15} = \boxed{}$

계산 결과가 가분수이면 대분수로 나타내요.

❼ $\dfrac{4}{5} \div \dfrac{4}{9} =$

❷ $\dfrac{3}{4} \div \dfrac{5}{9} =$

❽ $\dfrac{8}{9} \div \dfrac{2}{3} =$

❸ $\dfrac{3}{8} \div \dfrac{2}{7} =$

❾ $\dfrac{7}{10} \div \dfrac{2}{5} =$

❹ $\dfrac{6}{7} \div \dfrac{5}{8} =$

❿ $\dfrac{11}{12} \div \dfrac{2}{3} =$

❺ $\dfrac{5}{9} \div \dfrac{2}{11} =$

⓫ $\dfrac{9}{10} \div \dfrac{5}{6} =$

❻ $\dfrac{5}{6} \div \dfrac{2}{9} =$

⓬ $\dfrac{9}{14} \div \dfrac{3}{10} =$

08 (자연수)÷(분수)도 풀 수 있어

✻ 계산하세요.

❶ 자연수를 분수의 분자로 나눈 다음

① $4 \div \dfrac{2}{3} = (4 \div 2) \times \boxed{} = \boxed{}$

❷ 분모를 곱해요.

$4 \div \dfrac{2}{3}$

⇩

$(4 \div 2) \times 3$

나를 곱하는 걸 잊지 마요!

② $6 \div \dfrac{3}{4} = (6 \div \boxed{}) \times \boxed{} = \boxed{}$

$$\bullet \div \dfrac{\blacktriangle}{\blacksquare} = (\bullet \div \blacktriangle) \times \blacksquare$$

③ $9 \div \dfrac{3}{5} =$

④ $10 \div \dfrac{2}{9} =$

⑤ $12 \div \dfrac{6}{11} =$

⑥ $14 \div \dfrac{7}{10} =$

⑦ $15 \div \dfrac{5}{9} =$

⑧ $16 \div \dfrac{4}{7} =$

⑨ $18 \div \dfrac{6}{7} =$

⑩ $20 \div \dfrac{2}{3} =$

⑪ $21 \div \dfrac{3}{8} =$

나눗셈을 곱셈으로 바꾸어 푸는 방법을 알고 있더라도 08과에서는 ●÷▲/■=(●÷▲)×■의 방법으로 풀어 보세요.

목표 시간
3분

✿ 계산하세요.

자연수를 분수의 분자로 나눈 다음 분모를 곱해요~

① $4 \div \dfrac{4}{5} = (4 \div \boxed{}) \times \boxed{} = \boxed{}$

⑦ $18 \div \dfrac{9}{10} =$

② $6 \div \dfrac{2}{5} =$

⑧ $21 \div \dfrac{7}{8} =$

③ $8 \div \dfrac{4}{7} =$

⑨ $25 \div \dfrac{5}{6} =$

④ $10 \div \dfrac{5}{6} =$

• 친구들이 자주 틀리는 문제! 앗! 실수

⑩ $10 \div \dfrac{2}{5} =$

조심! 자연수를 분자, 분모로 모두 나누지 않도록 주의해요. 분자로 나누고, 분모는 곱해야 해요!

⑤ $14 \div \dfrac{2}{3} =$

⑪ $12 \div \dfrac{3}{4} =$

⑥ $16 \div \dfrac{8}{11} =$

⑫ $20 \div \dfrac{4}{5} =$

 **09** 분수의 나눗셈을 분수의 곱셈으로 풀어 보자

❀ 나눗셈을 곱셈으로 바꾸어 계산하세요.

① $\dfrac{1}{3} \div \dfrac{2}{5} = \dfrac{1}{3} \times \dfrac{\boxed{}}{\boxed{2}} = \dfrac{\boxed{}}{6}$

분모와 분자를 바꾸어
곱셈으로 계산해요.

나누는 수의 분모와 분자를
바꾸어 곱해 보세요.

⑦ $\dfrac{1}{7} \div \dfrac{1}{2} = \dfrac{1}{7} \times 2 = \dfrac{\boxed{}}{7}$

$\boxed{\dfrac{2}{1} = 2}$

단위분수의 분모와 분자를 바꾸면
자연수가 되니까 나누는 수의
분모를 곱하는 것과 같아요.

② $\dfrac{1}{4} \div \dfrac{3}{5} =$

⑧ $\dfrac{1}{5} \div \dfrac{1}{3} =$

③ $\dfrac{2}{5} \div \dfrac{3}{4} =$

⑨ $\dfrac{3}{4} \div \dfrac{1}{5} =$

계산 결과가 가분수이면
대분수로 나타내요.

④ $\dfrac{2}{7} \div \dfrac{5}{6} =$

⑩ $\dfrac{5}{6} \div \dfrac{1}{7} =$

⑤ $\dfrac{3}{8} \div \dfrac{2}{3} =$

⑪ $\dfrac{3}{8} \div \dfrac{1}{9} =$

나눗셈을 곱셈으로
바꿀 땐

나누는 수를
뒤집어~

⑥ $\dfrac{4}{9} \div \dfrac{5}{7} =$

답을 가분수로 나타내어도 틀린 것은 아니지만 대분수로 간단히 나타내는 습관을 들이는 게 좋아요.

목표 시간
3분

✂ 나눗셈을 곱셈으로 바꾸어 계산하세요.

1 $\dfrac{2}{3} \div \dfrac{3}{5} = \dfrac{2}{3} \times \dfrac{\boxed{}}{3} = \dfrac{\boxed{}}{9} = \boxed{}$

계산 결과가 가분수이면 대분수로 나타내요.

7 $\dfrac{8}{9} \div \dfrac{3}{10} =$

2 $\dfrac{3}{4} \div \dfrac{4}{9} =$

8 $\dfrac{9}{10} \div \dfrac{2}{3} =$

3 $\dfrac{4}{5} \div \dfrac{1}{7} =$

9 $\dfrac{6}{11} \div \dfrac{1}{5} =$

4 $\dfrac{5}{6} \div \dfrac{3}{5} =$

10 $\dfrac{7}{12} \div \dfrac{2}{7} =$

5 $\dfrac{6}{7} \div \dfrac{5}{8} =$

11 $\dfrac{5}{13} \div \dfrac{3}{8} =$

6 $\dfrac{7}{8} \div \dfrac{2}{5} =$

12 $\dfrac{11}{14} \div \dfrac{2}{3} =$

분수의 나눗셈을 곱셈으로 바꿀 때에는 나누는 수의 분자와 분모를 바꾸어 곱해요~

10 분수의 곱셈으로 바꾼 다음 약분이 되면 먼저 약분!

목표 시간
3분

🔸 나눗셈을 곱셈으로 바꾸어 계산하고, 기약분수로 나타내세요.

❷ 약분이 되면 약분해요.

① $\dfrac{2}{3} \div \dfrac{5}{6} = \dfrac{2}{3} \times \dfrac{\overset{2}{6}}{5} = \dfrac{\square}{5}$

❶ 분모와 분자를 바꾸어 곱셈으로 계산해요.

곱셈을 하기 전에 약분을 먼저 하면 계산이 훨씬 쉬워요.

⑦ $\dfrac{2}{9} \div \dfrac{2}{3} =$

② $\dfrac{3}{4} \div \dfrac{5}{8} = \dfrac{3}{4} \times \dfrac{\square}{5} = \dfrac{\square}{5} = \boxed{}$

계산 결과가 가분수이면 대분수로 나타내요.

⑧ $\dfrac{7}{10} \div \dfrac{5}{8} =$

③ $\dfrac{3}{5} \div \dfrac{6}{7} =$

⑨ $\dfrac{4}{11} \div \dfrac{8}{9} =$

④ $\dfrac{5}{6} \div \dfrac{10}{11} =$

⑩ $\dfrac{5}{12} \div \dfrac{2}{9} =$

⑤ $\dfrac{4}{7} \div \dfrac{8}{9} =$

⑪ $\dfrac{8}{15} \div \dfrac{4}{5} =$

⑥ $\dfrac{5}{8} \div \dfrac{3}{10} =$

⑫ $\dfrac{9}{16} \div \dfrac{3}{10} =$

(분수)÷(분수)에서 자주 하는 실수는 나눗셈 상태에서 바로 약분하는 것입니다. 반드시 곱셈으로 바꾼 다음 약분하세요.

목표 시간 **3분**

❀ 나눗셈을 곱셈으로 바꾸어 계산하고, 기약분수로 나타내세요.

1 $\dfrac{3}{4} \div \dfrac{1}{6} = \dfrac{3}{\cancel{4}_{2}} \times \cancel{6}^{3} = \dfrac{\square}{2} = \boxed{}$

계산 결과가 가분수이면 대분수로 나타내요.

7 $\dfrac{4}{9} \div \dfrac{8}{15} =$

2 $\dfrac{2}{5} \div \dfrac{4}{7} =$

8 $\dfrac{9}{14} \div \dfrac{3}{10} =$

3 $\dfrac{5}{6} \div \dfrac{7}{12} =$

9 $\dfrac{7}{18} \div \dfrac{2}{9} =$

4 $\dfrac{2}{7} \div \dfrac{4}{5} =$

10 $\dfrac{3}{20} \div \dfrac{9}{10} =$

친구들이 자주 틀리는 문제! 앗! 실수

5 $\dfrac{8}{9} \div \dfrac{6}{11} =$

11 $\dfrac{3}{10} \div \dfrac{5}{6} =$

약분은 곱셈에서만 가능해요. 나눗셈 상태에서 약분을 먼저 하지 않도록 주의해요. $\dfrac{\cancel{3}^{1}}{\cancel{10}_{2}} \div \dfrac{\cancel{5}^{1}}{\cancel{6}_{2}}$ (×)

6 $\dfrac{5}{8} \div \dfrac{5}{12} =$

12 $\dfrac{5}{12} \div \dfrac{3}{10} =$

10 분수의 곱셈으로 바꾼 다음 약분이 되면 먼저 약분!

목표 시간 **3분**

✂ 나눗셈을 곱셈으로 바꾸어 계산하고, 기약분수로 나타내세요.

❷ 약분이 되면 약분해요.

① $\dfrac{2}{3} \div \dfrac{5}{6} = \dfrac{2}{3} \times \dfrac{\overset{2}{\cancel{6}}}{\underset{1}{5}} = \dfrac{\square}{5}$

❶ 분모와 분자를 바꾸어 곱셈으로 계산해요.

곱셈을 하기 전에 약분을 먼저 하면 계산이 훨씬 쉬워요.

⑦ $\dfrac{2}{9} \div \dfrac{2}{3} =$

② $\dfrac{3}{4} \div \dfrac{5}{8} = \dfrac{3}{4} \times \dfrac{\square}{5} = \dfrac{\square}{5} = \boxed{}$

계산 결과가 가분수이면 대분수로 나타내요.

⑧ $\dfrac{7}{10} \div \dfrac{5}{8} =$

③ $\dfrac{3}{5} \div \dfrac{6}{7} =$

⑨ $\dfrac{4}{11} \div \dfrac{8}{9} =$

④ $\dfrac{5}{6} \div \dfrac{10}{11} =$

⑩ $\dfrac{5}{12} \div \dfrac{2}{9} =$

⑤ $\dfrac{4}{7} \div \dfrac{8}{9} =$

⑪ $\dfrac{8}{15} \div \dfrac{4}{5} =$

⑥ $\dfrac{5}{8} \div \dfrac{3}{10} =$

⑫ $\dfrac{9}{16} \div \dfrac{3}{10} =$

29

(분수)÷(분수)에서 자주 하는 실수는 나눗셈 상태에서 바로 약분하는 것입니다. 반드시 곱셈으로 바꾼 다음 약분하세요.

목표 시간 **3분**

✾ 나눗셈을 곱셈으로 바꾸어 계산하고, 기약분수로 나타내세요.

1 $\dfrac{3}{4} \div \dfrac{1}{6} = \dfrac{3}{4} \times \overset{3}{\cancel{6}} = \dfrac{\square}{2} = \square$

계산 결과가 가분수이면 대분수로 나타내요.

7 $\dfrac{4}{9} \div \dfrac{8}{15} =$

2 $\dfrac{2}{5} \div \dfrac{4}{7} =$

8 $\dfrac{9}{14} \div \dfrac{3}{10} =$

3 $\dfrac{5}{6} \div \dfrac{7}{12} =$

9 $\dfrac{7}{18} \div \dfrac{2}{9} =$

4 $\dfrac{2}{7} \div \dfrac{4}{5} =$

10 $\dfrac{3}{20} \div \dfrac{9}{10} =$

친구들이 자주 틀리는 문제! **앗! 실수**

5 $\dfrac{8}{9} \div \dfrac{6}{11} =$

11 $\dfrac{3}{10} \div \dfrac{5}{6} =$

약분은 곱셈에서만 가능해요. 나눗셈 상태에서 약분을 먼저 하지 않도록 주의해요. $\dfrac{\overset{1}{\cancel{3}}}{\underset{2}{\cancel{10}}} \div \dfrac{\overset{1}{\cancel{5}}}{\underset{2}{\cancel{6}}}$ (×)

6 $\dfrac{5}{8} \div \dfrac{5}{12} =$

12 $\dfrac{5}{12} \div \dfrac{3}{10} =$

11 분수의 나눗셈을 분수의 곱셈으로 풀기 한 번 더!

목표 시간 3분

❀ 나눗셈을 곱셈으로 바꾸어 계산하고, 기약분수로 나타내세요.

① $\dfrac{3}{4} \div \dfrac{4}{5} =$

통분하는 것보다 나눗셈을 곱셈으로
바꾸어 푸는 방법이 더 편리해요.
한 번 더 연습해 봐요~

⑦ $\dfrac{7}{10} \div \dfrac{2}{5} =$

계산 결과가 가분수이면
대분수로 나타내요.

② $\dfrac{1}{6} \div \dfrac{5}{7} =$

⑧ $\dfrac{6}{11} \div \dfrac{3}{5} =$

③ $\dfrac{3}{5} \div \dfrac{5}{6} =$

⑨ $\dfrac{7}{12} \div \dfrac{5}{6} =$

④ $\dfrac{2}{7} \div \dfrac{1}{2} =$

⑩ $\dfrac{3}{14} \div \dfrac{6}{7} =$

⑤ $\dfrac{2}{9} \div \dfrac{4}{7} =$

⑪ $\dfrac{9}{16} \div \dfrac{5}{8} =$

⑥ $\dfrac{3}{8} \div \dfrac{3}{4} =$

⑫ $\dfrac{14}{15} \div \dfrac{4}{5} =$

목표 시간 3분

❀ 나눗셈을 곱셈으로 바꾸어 계산하고, 기약분수로 나타내세요.

① $\dfrac{3}{8} \div \dfrac{2}{3} =$

나눗셈 상태에서 바로 약분하지 않도록 주의해요.

⑦ $\dfrac{7}{18} \div \dfrac{3}{8} =$

② $\dfrac{5}{12} \div \dfrac{3}{5} =$

⑧ $\dfrac{16}{21} \div \dfrac{8}{9} =$

③ $\dfrac{3}{10} \div \dfrac{1}{8} =$

계산 결과가 가분수이면 대분수로 나타내요.

⑨ $\dfrac{15}{22} \div \dfrac{10}{11} =$

④ $\dfrac{5}{9} \div \dfrac{10}{13} =$

⑩ $\dfrac{5}{24} \div \dfrac{15}{16} =$

⑤ $\dfrac{6}{7} \div \dfrac{9}{14} =$

⑪ $\dfrac{21}{25} \div \dfrac{7}{10} =$

⑥ $\dfrac{8}{15} \div \dfrac{2}{3} =$

⑫ $\dfrac{21}{26} \div \dfrac{12}{13} =$

12 (자연수)÷(분수)도 분수의 곱셈으로 풀어 보자

✿ 나눗셈을 곱셈으로 바꾸어 계산하세요.

① $5 \div \dfrac{2}{3} = 5 \times \dfrac{\boxed{}}{2} = \dfrac{\boxed{}}{2} = \boxed{}$

분모와 분자를 바꾸어
곱셈으로 계산해요.

계산 결과가 가분수이면
대분수로 나타내요.

⑦ $4 \div \dfrac{3}{4} =$

② $3 \div \dfrac{4}{5} =$

⑧ $6 \div \dfrac{5}{6} =$

③ $2 \div \dfrac{3}{7} =$

⑨ $3 \div \dfrac{4}{11} =$

④ $6 \div \dfrac{5}{8} =$

⑩ $4 \div \dfrac{5}{12} =$

⑤ $3 \div \dfrac{7}{9} =$

⑪ $5 \div \dfrac{9}{14} =$

⑥ $2 \div \dfrac{3}{10} =$

⑫ $6 \div \dfrac{7}{15} =$

목표 시간
3분

✿ 나눗셈을 곱셈으로 바꾸어 계산하고, 기약분수로 나타내세요.

❷ 약분이 되면 약분해요.

① $2 \div \dfrac{4}{5} = 2 \times \dfrac{\boxed{}}{\cancel{4}_2} = \dfrac{\boxed{}}{2} = \boxed{}$

❶ 분모와 분자를 바꾸어 곱셈으로 계산해요.

계산 결과가 가분수이면 대분수로 나타내요.

② $3 \div \dfrac{6}{7} =$

③ $5 \div \dfrac{10}{11} =$

④ $4 \div \dfrac{8}{13} =$

⑤ $3 \div \dfrac{9}{14} =$

⑥ $8 \div \dfrac{16}{25} =$

⑦ $6 \div \dfrac{12}{17} =$

⑧ $5 \div \dfrac{15}{19} =$

⑨ $3 \div \dfrac{21}{22} =$

⑩ $2 \div \dfrac{12}{23} =$

⑪ $4 \div \dfrac{14}{15} =$

⑫ $14 \div \dfrac{21}{26} =$

13 (가분수)÷(분수)도 분수의 곱셈으로 풀어 보자

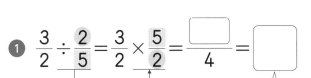

❀ 나눗셈을 곱셈으로 바꾸어 계산하세요.

> (가분수)÷(분수)도 나누는 수의
> 분모와 분자를 바꾸어 곱해 보세요.

1. $\dfrac{3}{2} \div \dfrac{2}{5} = \dfrac{3}{2} \times \dfrac{5}{2} = \dfrac{\square}{4} = \boxed{}$

분모와 분자를 바꾸어
곱셈으로 계산해요.

계산 결과가 가분수이면
대분수로 나타내요.

7. $\dfrac{13}{8} \div \dfrac{1}{3} =$

2. $\dfrac{5}{3} \div \dfrac{1}{4} =$

8. $\dfrac{11}{10} \div \dfrac{4}{7} =$

3. $\dfrac{7}{4} \div \dfrac{2}{3} =$

9. $\dfrac{16}{11} \div \dfrac{3}{5} =$

● 친구들이 자주 틀리는 문제!

앗! 실수

4. $\dfrac{9}{5} \div \dfrac{5}{8} =$

10. $\dfrac{10}{9} \div \dfrac{3}{5} =$

약분은 곱셈에서만 가능해요.
나눗셈 상태에서 약분하지
않도록 주의해요.

5. $\dfrac{11}{6} \div \dfrac{3}{5} =$

11. $\dfrac{6}{5} \div \dfrac{5}{9} =$

6. $\dfrac{12}{7} \div \dfrac{5}{6} =$

12. $\dfrac{8}{7} \div \dfrac{7}{8} =$

❀ 나눗셈을 곱셈으로 바꾸어 계산하고, 기약분수로 나타내세요.

❷ 약분이 되면 약분해요.

① $\dfrac{5}{2} \div \dfrac{3}{4} = \dfrac{5}{2} \times \dfrac{\overset{2}{\cancel{4}}}{\cancel{3}} = \dfrac{\boxed{}}{3} = \boxed{}$

❶ 분모와 분자를 바꾸어 곱셈으로 계산해요.

계산 결과가 가분수이면 대분수로 나타내요.

② $\dfrac{4}{3} \div \dfrac{8}{9} =$

③ $\dfrac{9}{4} \div \dfrac{3}{7} =$

④ $\dfrac{8}{5} \div \dfrac{14}{15} =$

⑤ $\dfrac{13}{6} \div \dfrac{5}{12} =$

⑥ $\dfrac{10}{7} \div \dfrac{9}{14} =$

⑦ $\dfrac{11}{8} \div \dfrac{3}{4} =$

⑧ $\dfrac{14}{9} \div \dfrac{2}{3} =$

⑨ $\dfrac{21}{10} \div \dfrac{7}{8} =$

⑩ $\dfrac{20}{11} \div \dfrac{15}{22} =$

⑪ $\dfrac{18}{13} \div \dfrac{3}{5} =$

⑫ $\dfrac{15}{14} \div \dfrac{5}{7} =$

14 대분수는 반드시 가분수로 바꾼 다음 계산하자

대분수 상태에서 바로 나눌 수는 없어요. 반드시 대분수를 가분수로 바꾼 다음 계산해요.

✂ 나눗셈을 곱셈으로 바꾸어 계산하세요.

❶ 대분수를 가분수로 바꿔요.

1 $1\dfrac{1}{2} \div \dfrac{2}{3} = \dfrac{3}{2} \div \dfrac{2}{3} = \dfrac{3}{2} \times \dfrac{3}{2}$

❷ 분모와 분자를 바꾸어 곱셈으로 계산해요.

$= \dfrac{\boxed{}}{4} = \boxed{}$

계산 결과가 가분수이면 대분수로 나타내요.

2 $3\dfrac{1}{3} \div \dfrac{3}{4} = \dfrac{\boxed{}}{3} \times \dfrac{\boxed{}}{3}$

과정을 한 단계 줄여 속도를 높여 봐요.

$= \dfrac{\boxed{}}{9} = \boxed{}$

3 $2\dfrac{3}{4} \div \dfrac{5}{7} =$

4 $1\dfrac{4}{5} \div \dfrac{5}{6} =$

5 $2\dfrac{1}{6} \div \dfrac{3}{5} =$

6 $1\dfrac{3}{7} \div \dfrac{3}{8} =$

7 $4\dfrac{1}{2} \div \dfrac{4}{7} =$

8 $2\dfrac{3}{5} \div \dfrac{2}{3} =$

9 $1\dfrac{3}{8} \div \dfrac{2}{5} =$

10 $2\dfrac{2}{9} \div \dfrac{1}{2} =$

11 $1\dfrac{7}{10} \div \dfrac{3}{7} =$

12 $1\dfrac{9}{11} \div \dfrac{7}{8} =$

대분수는 자연수와 진분수의 합으로 이루어진 분수이므로 대분수 상태에서 바로 나눌 수 없습니다. 반드시 대분수를 가분수로 바꾼 다음 계산하세요.

목표 시간 3분

✿ 나눗셈을 곱셈으로 바꾸어 계산하세요.

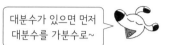

대분수가 있으면 먼저 대분수를 가분수로~

❶ $2\dfrac{1}{2} \div \dfrac{3}{7} =$

❼ $1\dfrac{1}{10} \div \dfrac{5}{7} =$

❷ $1\dfrac{2}{3} \div \dfrac{4}{5} =$

❽ $2\dfrac{1}{4} \div \dfrac{4}{9} =$

❸ $3\dfrac{1}{4} \div \dfrac{2}{3} =$

❾ $2\dfrac{1}{7} \div \dfrac{2}{3} =$

❹ $2\dfrac{1}{5} \div \dfrac{5}{8} =$

❿ $1\dfrac{4}{9} \div \dfrac{2}{5} =$

❺ $1\dfrac{1}{6} \div \dfrac{4}{7} =$

⓫ $1\dfrac{1}{12} \div \dfrac{3}{5} =$

❻ $4\dfrac{2}{7} \div \dfrac{1}{5} =$

⓬ $2\dfrac{3}{11} \div \dfrac{3}{4} =$

15 약분이 되는 (대분수)÷(분수)는 실수하기 쉬우니 주의!

❀ 나눗셈을 곱셈으로 바꾸어 계산하고, 기약분수로 나타내세요.

❶ 대분수를 가분수로 바꿔요.   ❸ 약분이 되면 약분해요.

1 $1\dfrac{1}{2} \div \dfrac{3}{4} = \dfrac{3}{2} \div \dfrac{3}{4} = \dfrac{\overset{1}{\cancel{3}}}{2} \times \dfrac{\overset{2}{\cancel{4}}}{\underset{1}{\cancel{3}}} = \boxed{}$

❷ 분모와 분자를 바꾸어 곱셈으로 계산해요.

7 $1\dfrac{1}{6} \div \dfrac{2}{3} =$

2 $4\dfrac{2}{3} \div \dfrac{2}{5} = \dfrac{\boxed{}}{3} \times \dfrac{\boxed{}}{2}$

$= \dfrac{\boxed{}}{3} = \boxed{}$

계산 결과가 가분수이면 대분수로 나타내요.

8 $2\dfrac{2}{7} \div \dfrac{8}{11} =$

3 $4\dfrac{1}{2} \div \dfrac{3}{5} =$

9 $1\dfrac{7}{8} \div \dfrac{3}{4} =$

4 $5\dfrac{1}{3} \div \dfrac{4}{5} =$

10 $3\dfrac{1}{9} \div \dfrac{7}{12} =$

5 $2\dfrac{2}{5} \div \dfrac{2}{7} =$

11 $1\dfrac{5}{11} \div \dfrac{4}{5} =$

6 $3\dfrac{3}{4} \div \dfrac{5}{8} =$

12 $2\dfrac{1}{12} \div \dfrac{5}{9} =$

(대분수)÷(분수)에서 가장 많이 하는 실수는 대분수를 가분수로 바꾸지 않고 약분하는 것입니다. 반드시 가분수로 바꾸고, 나눗셈을 곱셈으로 바꾼 다음 약분하세요.

목표 시간 3분

※ 나눗셈을 곱셈으로 바꾸어 계산하고, 기약분수로 나타내세요.

① $3\frac{1}{2} \div \frac{5}{6} = \frac{\square}{2} \times \frac{\square}{5} = \frac{\square}{5} = \square$

계산 결과가 가분수이면 대분수로 나타내요.

② $6\frac{2}{3} \div \frac{5}{7} =$

③ $3\frac{1}{5} \div \frac{8}{9} =$

④ $1\frac{5}{6} \div \frac{3}{4} =$

⑤ $2\frac{6}{7} \div \frac{5}{9} =$

⑥ $3\frac{5}{9} \div \frac{8}{13} =$

⑦ $2\frac{5}{8} \div \frac{7}{10} =$

⑧ $4\frac{7}{12} \div \frac{11}{15} =$

친구들이 자주 틀리는 문제! 앗! 실수

⑨ $2\frac{2}{3} \div \frac{4}{9} =$

⑩ $3\frac{3}{4} \div \frac{3}{8} =$

⑪ $1\frac{7}{15} \div \frac{7}{10} =$

주의! 대분수를 가분수로 바꾸지 않고 계산하면 잘못된 계산 결과가 나와요!

$1\frac{7}{15} \div \frac{7}{10} = 1\frac{\cancel{7}^{1}}{\cancel{15}_{3}} \times \frac{\cancel{10}^{2}}{\cancel{7}_{1}} = \xcancel{1\frac{2}{3}}$

16 실수하기 쉬운 (대분수)÷(분수) 한 번 더!

❖ 나눗셈을 곱셈으로 바꾸어 계산하고, 기약분수로 나타내세요.

① $2\dfrac{1}{2} \div \dfrac{4}{7} =$

> 계산 결과가 가분수이면
> 대분수로 나타내요.

② $1\dfrac{1}{3} \div \dfrac{2}{7} =$

③ $5\dfrac{1}{4} \div \dfrac{7}{8} =$

④ $4\dfrac{2}{5} \div \dfrac{11}{20} =$

⑤ $2\dfrac{1}{6} \div \dfrac{7}{9} =$

⑥ $5\dfrac{1}{7} \div \dfrac{6}{11} =$

⑦ $1\dfrac{3}{11} \div \dfrac{7}{8} =$

⑧ $1\dfrac{7}{8} \div \dfrac{5}{6} =$

⑨ $4\dfrac{4}{9} \div \dfrac{5}{12} =$

⑩ $2\dfrac{1}{10} \div \dfrac{3}{5} =$

⑪ $2\dfrac{1}{12} \div \dfrac{5}{6} =$

⑫ $1\dfrac{1}{14} \div \dfrac{5}{7} =$

목표 시간 3분

❀ 나눗셈을 곱셈으로 바꾸어 계산하고, 기약분수로 나타내세요.

① $3\dfrac{1}{3} \div \dfrac{5}{6} =$

대분수가 있으면 가분수로 바꾸는 게 먼저예요.

⑦ $1\dfrac{1}{9} \div \dfrac{2}{5} =$

② $2\dfrac{1}{4} \div \dfrac{3}{5} =$

⑧ $2\dfrac{3}{11} \div \dfrac{5}{7} =$

③ $3\dfrac{3}{7} \div \dfrac{4}{5} =$

⑨ $1\dfrac{5}{13} \div \dfrac{9}{26} =$

친구들이 자주 틀리는 문제!　앗! 실수

④ $4\dfrac{3}{8} \div \dfrac{5}{7} =$

⑩ $1\dfrac{4}{5} \div \dfrac{3}{5} =$

⑤ $5\dfrac{5}{6} \div \dfrac{7}{10} =$

⑪ $2\dfrac{8}{15} \div \dfrac{8}{9} =$

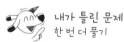

내가 틀린 문제
한 번 더 풀기

$\boxed{} \div \boxed{} = \boxed{}$

⑥ $1\dfrac{9}{10} \div \dfrac{3}{5} =$

❀ 계산하여 기약분수로 나타내세요.

여기까지 오다니 대단해요!
여러 가지 분수의 나눗셈을 모아
풀면서 완벽하게 마무리해 봐요~

① $\dfrac{8}{11} \div \dfrac{2}{11} =$

⑦ $\dfrac{16}{5} \div \dfrac{4}{15} =$

② $\dfrac{9}{13} \div \dfrac{4}{13} =$

⑧ $\dfrac{25}{9} \div \dfrac{10}{27} =$

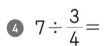

계산 결과가 가분수이면
대분수로 나타내요.

③ $10 \div \dfrac{5}{7} =$

⑨ $4\dfrac{4}{7} \div \dfrac{8}{9} =$

친구들이 자주 틀리는 문제! 앗! 실수

④ $7 \div \dfrac{3}{4} =$

⑩ $21 \div \dfrac{3}{7} =$

⑤ $\dfrac{16}{17} \div \dfrac{8}{9} =$

⑪ $1\dfrac{5}{12} \div \dfrac{5}{6} =$

⑥ $\dfrac{15}{22} \div \dfrac{3}{11} =$

⑫ $2\dfrac{2}{15} \div \dfrac{4}{5} =$

�֎ 빈칸에 알맞은 기약분수를 써넣으세요.

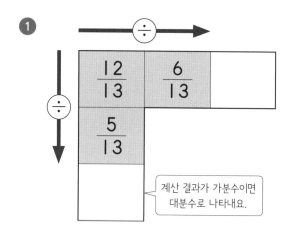

계산 결과가 가분수이면
대분수로 나타내요.

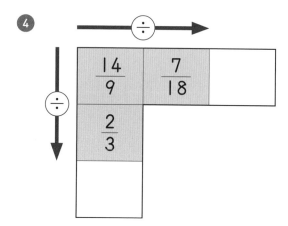

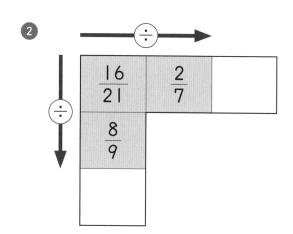

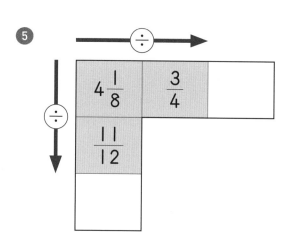

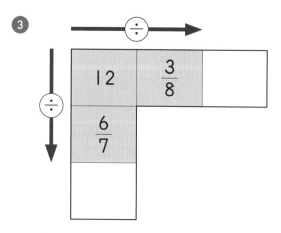

분수의 나눗셈은 2가지를 꼭 기억해요.
대분수 상태에서 바로 나눌 수 없으니 먼저 가분수로!
약분은 나눗셈을 곱셈으로 바꾼 다음 가능하다는 것!

18 생활 속 연산 ― 분수의 나눗셈

목표 시간
3분

✎ 그림을 보고 ☐ 안에 알맞은 수를 써넣으세요.

1

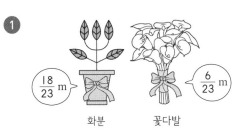

$\frac{18}{23}$ m
$\frac{6}{23}$ m
화분   꽃다발

리본으로 화분을 포장하는 데 $\frac{18}{23}$ m, 꽃다발을 포장

하는 데 $\frac{6}{23}$ m 사용하였습니다. 화분에 사용된 리본

은 꽃다발에 사용된 리본의 ☐ 배입니다.

2

밀가루 $\frac{3}{20}$ kg

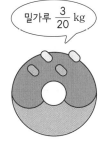

도넛 한 개를 만드는 데 밀가루 $\frac{3}{20}$ kg이 필요합니다.

밀가루 $\frac{9}{10}$ kg으로 만들 수 있는 도넛은 ☐ 개입니다.

3

$\frac{5}{12}$ kg에 4000원

딸기 $\frac{5}{12}$ kg의 가격이 4000원입니다.

딸기 1 kg의 가격은 ☐ 원입니다.

4

$8\frac{3}{4}$ L

식혜 $8\frac{3}{4}$ L가 있습니다. 식혜를 한 병에 $\frac{7}{8}$ L씩 나누

어 담으려면 병은 모두 ☐ 개 필요합니다.

✿ 동물들이 사다리 타기 게임을 하고 있습니다. 주어진 나눗셈의 몫을 사다리를 타고 내려가서 도착한 곳에 기약분수로 써넣으세요.

선을 따라 아래로 내려가다가 가로 선을 만나면 옆으로, 다시 세로 선을 만나면 아래로 내려가세요!

$\frac{7}{15} \div \frac{14}{15}$

$15 \div \frac{3}{4}$

$\frac{7}{12} \div \frac{5}{6}$

$1\frac{2}{3} \div \frac{7}{9}$

❶ ❷ ❸ ❹

계산 결과가 가분수이면 대분수로 나타내요.

다 했어요! 꿀떡 주세요~

둘째 마당 — 소수의 나눗셈

교과서 2. 소수의 나눗셈

출발!

오늘 공부한 단계를 체크해 보세요!

EASY!

19 20 21 22 23 24 25 26 27 28 29 30 31 32 33 34 35 36 37 38 39

도착!

바빠 개념 쏙쏙!

☆ 자릿수가 같은 (소수)÷(소수)

나누는 수와 나누어지는 수의 소수점을 오른쪽으로 똑같이 옮겨 자연수의 나눗셈으로 계산합니다.

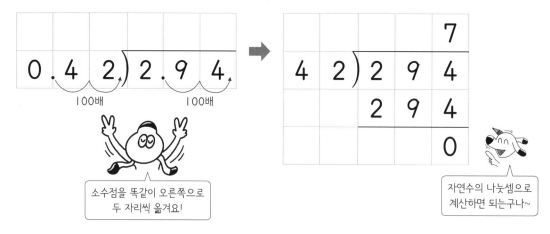

소수점을 똑같이 오른쪽으로 두 자리씩 옮겨요!

자연수의 나눗셈으로 계산하면 되는구나~

☆ 자릿수가 다른 (소수)÷(소수)

나누는 수가 자연수가 되도록 나누는 수와 나누어지는 수의 소수점을 오른쪽으로 똑같이 옮겨 계산합니다.

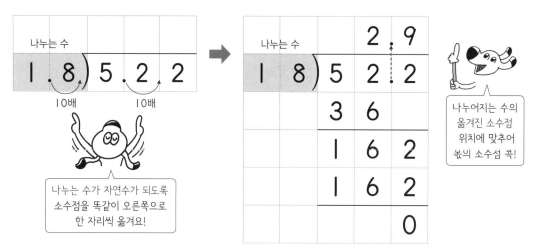

나누는 수가 자연수가 되도록 소수점을 똑같이 오른쪽으로 한 자리씩 옮겨요!

나누어지는 수의 옮겨진 소수점 위치에 맞추어 몫의 소수섬 쏙!

잠깐! 퀴즈

0.39÷0.3의 몫을 바르게 구한 것은 어느 것일까요?

①
```
       0.1 3
0.3)0.3 9
```

②
```
       1.3
0.3)0.3 9
```

✿ 자연수의 나눗셈을 이용하여 소수의 나눗셈을 하세요.

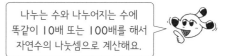
나누는 수와 나누어지는 수에 똑같이 10배 또는 100배를 해서 자연수의 나눗셈으로 계산해요.

①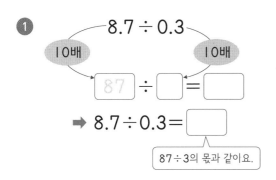

8.7 ÷ 0.3

10배   10배

87 ÷ □ = □

➡ 8.7 ÷ 0.3 = □

87 ÷ 3의 몫과 같아요.

⑤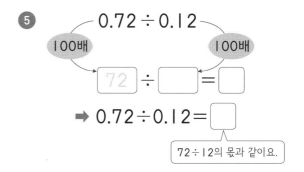

0.72 ÷ 0.12

100배   100배

72 ÷ □ = □

➡ 0.72 ÷ 0.12 = □

72 ÷ 12의 몫과 같아요.

②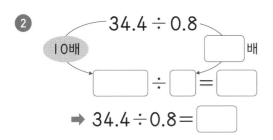

34.4 ÷ 0.8

10배   □ 배

□ ÷ □ = □

➡ 34.4 ÷ 0.8 = □

⑥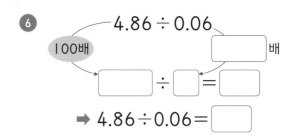

4.86 ÷ 0.06

100배   □ 배

□ ÷ □ = □

➡ 4.86 ÷ 0.06 = □

③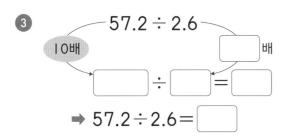

57.2 ÷ 2.6

10배   □ 배

□ ÷ □ = □

➡ 57.2 ÷ 2.6 = □

⑦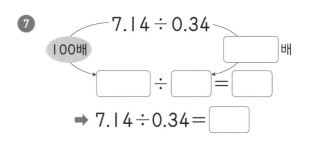

7.14 ÷ 0.34

100배   □ 배

□ ÷ □ = □

➡ 7.14 ÷ 0.34 = □

④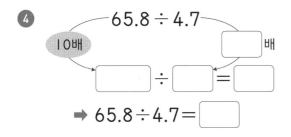

65.8 ÷ 4.7

10배   □ 배

□ ÷ □ = □

➡ 65.8 ÷ 4.7 = □

⑧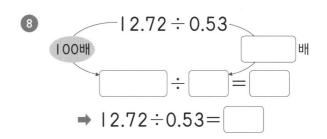

12.72 ÷ 0.53

100배   □ 배

□ ÷ □ = □

➡ 12.72 ÷ 0.53 = □

목표 시간 **2분**

⚘ 자연수의 나눗셈을 이용하여 소수의 나눗셈을 하세요.

소수점을 똑같이 오른쪽으로 옮겨
자연수의 나눗셈과 비교해 봐요.

① $312 \div 4 = 78$

➡ $31.2 \div 0.4 =$ 78

소수점을 똑같이 오른쪽으로
한 자리씩 옮기면 $312 \div 4$의
몫과 같아요.

② $468 \div 39 = 12$

➡ $4.68 \div 0.39 =$ ☐

③ $564 \div 6 = 94$

➡ $56.4 \div 0.6 =$ ☐

④ $84 \div 14 = 6$

➡ $0.84 \div 0.14 =$ ☐

⑤ $676 \div 52 = 13$

➡ $6.76 \div 0.52 =$ ☐

⑥ $798 \div 19 = 42$

➡ $7.98 \div 0.19 =$ ☐

⑦ $1026 \div 27 = 38$

➡ $10.26 \div 0.27 =$ ☐

⑧ $1392 \div 48 = 29$

➡ $139.2 \div 4.8 =$ ☐

⑨ $860 \div 43 = 20$

➡ $8.6 \div 0.43 =$ ☐

8.6을 8.60으로 생각하고 소수점을
똑같이 오른쪽으로 옮겨 보세요.

⑩ $1400 \div 35 = 40$

➡ $14 \div 0.35 =$ ☐

20 소수의 나눗셈은 분수의 나눗셈으로도 풀 수 있어

✿ 분수의 나눗셈으로 바꾸어 계산하세요.

분모가 같으니까 분자끼리 나눠요.

나누는 수가 소수 한 자리 수이면 분모가 10인 분수로 바꾸어 계산해요.

1 $5.2 \div 0.4 = \dfrac{52}{10} \div \dfrac{4}{10} = 52 \div \boxed{} = \boxed{}$

소수 한 자리 수는 분모가 10인 분수로 바꿔요.

2 $22.4 \div 3.2 = \dfrac{224}{10} \div \dfrac{\boxed{}}{10} = \boxed{} \div \boxed{} = \boxed{}$

3 $36 \div 1.5 = \dfrac{360}{10} \div \dfrac{\boxed{}}{10} = \boxed{} \div \boxed{} = \boxed{}$

나누는 수처럼 분모가 10인 분수로 바꿔요.

분모가 같으니까 분자끼리 나눠요.

나누는 수가 소수 두 자리 수이면 분모가 100인 분수로 바꾸어 계산해요.

4 $3.12 \div 0.08 = \dfrac{312}{100} \div \dfrac{8}{100} = 312 \div \boxed{} = \boxed{}$

소수 두 자리 수는 분모가 100인 분수로 바꿔요.

5 $1.48 \div 0.37 = \dfrac{148}{100} \div \dfrac{\boxed{}}{100} = \boxed{} \div \boxed{} = \boxed{}$

6 $15.64 \div 0.68 = \dfrac{1564}{100} \div \dfrac{\boxed{}}{100} = \boxed{} \div \boxed{} = \boxed{}$

7 $60 \div 3.75 = \dfrac{\boxed{}}{100} \div \dfrac{\boxed{}}{100} = \boxed{} \div \boxed{} = \boxed{}$

나누는 수처럼 분모가 100인 분수로 바꿔요.

소수의 나눗셈을 하는 방법 중 하나는 소수를 분수로 바꾸어 푸는 것입니다. 소수끼리 바로 나누는 방법을 알고 있더라도 20과에서는 분수로 바꾸어 풀어 보세요.

목표 시간
4분

❀ 분수의 나눗셈으로 바꾸어 계산하세요.

소수를 분수로 바꾸어 계산해 봐요.
소수 한 자리 수 ➡ 분모가 10인 분수로!
소수 두 자리 수 ➡ 분모가 100인 분수로!

① $35.7 \div 1.7 = \dfrac{\boxed{}}{10} \div \dfrac{\boxed{}}{10} = \boxed{} \div \boxed{} = \boxed{}$

② $2.85 \div 0.19 = \dfrac{\boxed{}}{100} \div \dfrac{\boxed{}}{100} = \boxed{} \div \boxed{} = \boxed{}$

③ $45 \div 7.5 = \dfrac{\boxed{}}{10} \div \dfrac{\boxed{}}{10} = \boxed{} \div \boxed{} = \boxed{}$

나누는 수처럼 분모가 10인 분수로 바꿔요.

④ $62.4 \div 2.4 =$

⑤ $5.81 \div 0.83 =$

⑥ $13.68 \div 0.57 =$

⑦ $51 \div 4.25 =$

21 (소수 한 자리 수)÷(소수 한 자리 수) 계산하기

✻ 계산하세요.

소수점을 오른쪽으로
한 자리씩 옮겨
16÷2로 계산해요.

나누는 수와 나누어지는 수가 모두
소수 한 자리 수이면 똑같이 10배씩
해서 자연수의 나눗셈으로 풀면 돼요.

①
$$0.2\overline{)1.6}$$ 8 (몫), 16, 0
10배 ... 10배

⑤ $0.6\overline{)10.2}$

⑨ $1.2\overline{)10.8}$

② $0.3\overline{)4.2}$

먼저 ↰ 표시로
소수점을
옮겨 보세요~

⑥ $0.7\overline{)10.5}$

⑩ $1.7\overline{)15.3}$

③ $0.4\overline{)7.6}$

⑦ $0.8\overline{)18.4}$

⑪ $2.8\overline{)16.8}$

④ $0.5\overline{)6.5}$

⑧ $0.9\overline{)16.2}$

⑫ $3.9\overline{)19.5}$

소수의 나눗셈의 시작은 소수점 옮기기입니다. 먼저
나누는 수와 나누어지는 수의 소수점을 똑같이 옮겨
자연수의 나눗셈으로 바꾸어 풀어 보세요.

목표 시간 3분

✂ 계산하세요.

나누는 수와 나누어지는 수를
똑같이 10배씩 해도 몫은 같아요~

① $0.4\,)\,1\,3.6$

⑤ $4.6\,)\,1\,3.8$

소수점을
옮기는 게
먼저예요~

⑨ $5.8\,)\,7\,5.4$

② $0.7\,)\,1\,2.6$

⑥ $1.8\,)\,1\,0.8$

⑩ $4.5\,)\,6\,7.5$

③ $0.9\,)\,2\,0.7$

⑦ $2.3\,)\,1\,8.4$

⑪ $6.7\,)\,4\,6.9$

④ $1.3\,)\,3\,2.5$

⑧ $3.4\,)\,3\,0.6$

⑫ $7.4\,)\,5\,9.2$

22 소수점을 오른쪽으로 한 자리씩 옮겨 계산하자

❊ 계산하세요.

나누는 수와 나누어지는 수의
소수점을 똑같이 옮겨서
자연수의 나눗셈으로 풀어 봐요.

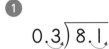

① $0.3\overline{)8.1}$

② $0.8\overline{)11.2}$

먼저 ↰ 표시로
소수점을
옮겨 보세요~

③ $1.2\overline{)19.2}$

④ $1.4\overline{)32.2}$

⑤ $1.9\overline{)15.2}$

⑥ $1.6\overline{)14.4}$

⑦ $3.7\overline{)25.9}$

⑧ $4.8\overline{)38.4}$

⑨ $5.2\overline{)31.2}$

⑩ $6.9\overline{)27.6}$

⑪ $8.6\overline{)51.6}$

⑫ $9.4\overline{)75.2}$

목표 시간 3분

✿ 계산하세요.

소수점을 오른쪽으로 한 자리씩 옮겨 자연수의 나눗셈을 해 보세요.

1 $7.6 \div 0.2 =$

10배   10배

76÷2의 몫과 같아요.

7 $67.2 \div 5.6 =$

2 $9.5 \div 0.5 =$

8 $34.4 \div 4.3 =$

3 $21.6 \div 0.8 =$

9 $29.2 \div 7.3 =$

4 $25.5 \div 1.5 =$

10 $55.8 \div 6.2 =$

5 $39.9 \div 2.1 =$

11 $60.9 \div 8.7 =$

6 $41.8 \div 3.8 =$

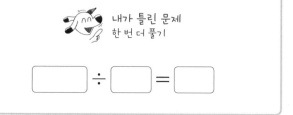

내가 틀린 문제 한 번 더 풀기

☐ ÷ ☐ = ☐

23 (소수 두 자리 수)÷(소수 두 자리 수) 계산하기

목표 시간 3분

※ 계산하세요.

나누는 수와 나누어지는 수가 모두 소수 두 자리 수이면 똑같이 100배씩 해서 자연수의 나눗셈으로 풀면 돼요.

❶ $0.13\overline{)0.65}$ (100배, 100배)
몫: 5
65
0

소수점을 오른쪽으로 두 자리씩 옮겨 65÷13으로 계산해요.

❷ $0.17\overline{)1.02}$

먼저 ↷ 표시로 소수점을 옮겨 보세요~

❸ $0.23\overline{)0.92}$

❹ $0.29\overline{)2.32}$

❺ $0.35\overline{)2.45}$

❻ $0.47\overline{)4.23}$

❼ $0.72\overline{)2.88}$

❽ $0.96\overline{)5.76}$

❾ $0.24\overline{)7.68}$

❿ $0.19\overline{)8.93}$

⓫ $0.26\overline{)7.54}$

⓬ $0.38\overline{)9.12}$

✖ 계산하세요.

나누는 수와 나누어지는 수를
똑같이 100배씩 해도 몫은 같아요~

① $0.15\,)\,1.35$

소수점을
옮기는 게
먼저예요~

⑤ $0.39\,)\,10.14$

⑨ $0.58\,)\,18.56$

② $0.27\,)\,1.89$

⑥ $0.43\,)\,29.24$

⑩ $0.86\,)\,30.96$

③ $0.36\,)\,2.88$

⑦ $0.63\,)\,28.98$

⑪ $0.82\,)\,45.92$

④ $0.83\,)\,4.15$

⑧ $0.71\,)\,15.62$

⑫ $0.94\,)\,40.42$

목표 시간
3분

❋ 계산하세요.

나누는 수와 나누어지는 수의
소수점을 똑같이 옮겨서
자연수의 나눗셈으로 풀어 봐요.

① $0.1\,2\,)\overline{0.8\,4}$

② $0.2\,6\,)\overline{2.0\,8}$

③ $0.1\,8\,)\overline{6.1\,2}$

④ $0.2\,9\,)\overline{7.2\,5}$

⑤ $0.3\,4\,)\overline{4.4\,2}$

⑥ $0.5\,3\,)\overline{9.5\,4}$

⑦ $0.3\,7\,)\overline{1\,1.4\,7}$

⑧ $0.4\,6\,)\overline{1\,2.4\,2}$

⑨ $0.6\,7\,)\overline{2\,2.7\,8}$

⑩ $0.7\,2\,)\overline{1\,8.7\,2}$

⑪ $0.8\,4\,)\overline{3\,8.6\,4}$

⑫ $0.9\,1\,)\overline{4\,0.0\,4}$

목표 시간 4분

� 계산하세요.

❶ $1.12 \div 0.14 =$
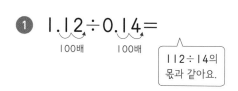
100배   100배
$112 \div 14$의 몫과 같아요.

❷ $2.66 \div 0.38 =$

❸ $2.34 \div 0.78 =$

❹ $4.42 \div 0.17 =$

❺ $5.94 \div 0.22 =$

❻ $6.48 \div 0.36 =$

소수점을 오른쪽으로 두 자리씩 옮겨 자연수의 나눗셈을 해 보세요. 세로셈으로 바꾸어 풀어도 좋아요.

❼ $14.35 \div 0.41 =$

❽ $24.99 \div 0.49 =$

❾ $18.24 \div 0.57 =$

❿ $14.26 \div 0.62 =$

⓫ $10.08 \div 0.84 =$

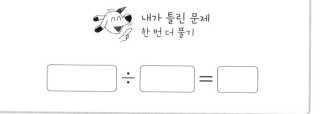
내가 틀린 문제 한 번 더 풀기

$$\boxed{} \div \boxed{} = \boxed{}$$

25 자릿수가 다르면 나누는 수를 자연수로 만들자

나누는 수가 자연수가 되도록
소수점을 오른쪽으로 한 자리씩
옮겨 계산해 보세요.

✂ 계산하세요.

①

$$0.2\overline{)0.54}$$

   2.7
   4
  1 4
  1 4
    0

나누어지는 수의
옮겨진 소수점
위치에 맞추어
몫의 소수점 콕!

⑤

$$2.4\overline{)5.52}$$

⑨

$$4.3\overline{)10.75}$$

②

$$0.5\overline{)1.45}$$

먼저 ↶ 표시로
소수점을
옮겨 보세요~

⑥

$$1.6\overline{)6.08}$$

⑩

$$6.6\overline{)27.72}$$

③

$$0.7\overline{)3.92}$$

⑦

$$2.8\overline{)7.28}$$

⑪

$$5.1\overline{)29.07}$$

④

$$1.3\overline{)5.85}$$

⑧

$$3.2\overline{)15.68}$$

⑫

$$7.9\overline{)30.02}$$

나누는 수와 나누어지는 수의 소수점을 똑같이 옮겼는지,
몫을 쓸 때 나누어지는 수의 옮겨진 소수점에 맞추어 찍
었는지 확인해 보세요.

목표 시간
4분

❀ 계산하세요.

몫을 쓸 때 반드시
나누어지는 수의 옮겨진
소수점을 올려 찍어야 해요!

$$0.6 \overline{)3.7 \,8}$$ 몫 $0.6\,3$ (×)

① $0.6 \overline{)3.7\,8}$

② $0.8 \overline{)6.3\,2}$

③ $5.6 \overline{)7.8\,4}$

④ $3.7 \overline{)8.5\,1}$

⑤ $2.3 \overline{)1\,2.1\,9}$

⑥ $3.4 \overline{)1\,5.6\,4}$

⑦ $5.3 \overline{)2\,0.1\,4}$

⑧ $4.9 \overline{)1\,3.7\,2}$

⑨ $6.5 \overline{)3\,0.5\,5}$

⑩ $7.8 \overline{)4\,8.3\,6}$

친구들이 자주 틀리는 문제!
앗! 실수

⑪ $1.3 \overline{)1.1\,7}$

몫의 자연수
부분에 0을
빠뜨리지 않도록
주의하세요!

⑫ $2.9 \overline{)1.7\,4}$

목표 시간 4분

😊 계산하세요.

> 나누는 수가 자연수가 되도록
> 소수점을 옮겨 계산해 보세요.

1

$$0.9\overline{)5.5\,8}$$

> 나누어지는 수의
> 옮겨진 소수점
> 위치에 맞추어
> 몫의 소수점 콕!

5

$$2.7\overline{)9.4\,5}$$

9

$$5.5\overline{)2\,1.4\,5}$$

2

$$2.4\overline{)8.1\,6}$$

6

$$4.3\overline{)7.7\,4}$$

10

$$6.2\overline{)1\,6.1\,2}$$

3

$$1.9\overline{)7.0\,3}$$

7

$$3.6\overline{)1\,5.1\,2}$$

11

$$8.2\overline{)4\,5.9\,2}$$

4

$$3.5\overline{)6.6\,5}$$

8

$$4.8\overline{)2\,5.4\,4}$$

> 「자릿수가 「다른 소수의 「나눗셈」을 계산하는
> 다른 방법
> 나누는 수와 나누어지는 수를 똑같이 100배씩 해서
> 자연수의 나눗셈처럼 푸는 방법도 있어요.
>
> $$480\overline{)2544} \Rightarrow 480\overline{)2544}$$

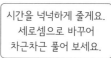

시간을 넉넉하게 줄게요.
세로셈으로 바꾸어
차근차근 풀어 보세요.

✾ 계산하세요.

① $1.84 \div 0.4 =$

⑦ $19.92 \div 8.3 =$

② $3.48 \div 1.2 =$

⑧ $24.15 \div 6.9 =$

③ $4.94 \div 2.6 =$

⑨ $35.72 \div 7.6 =$

친구들이 자주 틀리는 문제! **앗! 실수**

④ $7.31 \div 4.3 =$

⑩ $1.12 \div 1.4 =$

⑤ $8.05 \div 3.5 =$

⑪ $2.43 \div 2.7 =$

몫의 소수점을 잘 찍었는지 확인하는 꿀팁
나눗셈의 몫을 확인하는 식을 이용해 봐요~
(나누는 수)×(몫)=(나누어지는 수)에서
(소수 한 자리 수)×(몫)=(소수 두 자리 수)이니까
몫은 소수 한 자리 수!

⑥ $14.26 \div 3.1 =$

27 자릿수가 다르면 실수하기 쉬우니 한 번 더!

목표 시간
4분

❀ 계산하세요.

소수점을 옮겨서 계산했다면
몫의 소수점은 옮긴 위치에 콕~

① $0.7\overline{)5.8\,1}$

⑤ $2.8\overline{)9.5\,2}$

⑨ $5.9\overline{)5\,4.8\,7}$

② $1.9\overline{)4.5\,6}$

⑥ $4.3\overline{)1\,0.7\,5}$

⑩ $7.3\overline{)2\,0.4\,4}$

③ $2.3\overline{)8.9\,7}$

⑦ $3.7\overline{)2\,6.6\,4}$

⑪ $6.8\overline{)4\,3.5\,2}$

④ $3.1\overline{)1\,4.2\,6}$

⑧ $8.4\overline{)1\,1.7\,6}$

⑫ $9.2\overline{)3\,5.8\,8}$

❋ 계산하세요.

몫을 정확한 자리에 쓰는 습관을 들여야 몫의 소수점을 찍을 때 실수를 줄일 수 있어요.

① 0.8) 5.7 6

② 2.6) 9.3 6

③ 1.7) 1 2.4 1

④ 3.5) 2 3.4 5

⑤ 3.9) 3 2.7 6

⑥ 4.8) 2 7.8 4

⑦ 5.2) 3 5.8 8

⑧ 6.7) 3 0.8 2

⑨ 8.2) 4 4.2 8

⑩ 9.6) 5 0.8 8

앗! 실수 친구들이 자주 틀리는 문제

⑪ 1.2) 1.0 8

⑫ 3.9) 3.1 2

28 (자연수)÷(소수 한 자리 수) 계산하기

나누는 수가 자연수가 되도록 소수점을 오른쪽으로 한 자리씩 옮겨 자연수의 나눗셈을 하면 돼요.

✂ 계산하세요.

①

```
        1  4
0.5 ) 7.0
        5
        2  0
        2  0
            0
```

소수점을 오른쪽으로 옮기려는데 자리가 없으면 0을 채워 써요.

⑤

```
2.2 ) 9  9
```

⑨

```
4.5 ) 1  1  7
```

②

```
1.8 ) 9.
```

소수점을 옮기고 0을 채워 보세요~

⑥

```
4.8 ) 7  2
```

⑩

```
5.4 ) 1  3  5
```

③

```
2.6 ) 3  9
```

⑦

```
3.4 ) 8  5
```

⑪

```
3.6 ) 1  2  6
```

④

```
1.5 ) 5  7
```

⑧

```
6.5 ) 9  1
```

⑫

```
7.5 ) 2  1  0
```

목표 시간 4분

❀ 계산하세요.

소수점을 옮길 자리가 없으면 0을 꼭 채워 넣기! 잊지 마세요~

① 0.6)1 5.0

② 3.5)4 2

③ 1.6)7 2

④ 2.8)9 8

⑤ 4.4)6 6

⑥ 3.8)9 5

⑦ 6.5)1 6 9

⑧ 7.6)1 1 4

⑨ 8.5)2 8 9

⑩ 9.4)3 2 9

친구들이 자주 틀리는 문제!

앗! 실수

⑪ 4.7)1 8 8

몫의 일의 자리의 0을 빠뜨리지 않도록 주의해요.

⑫ 6.2)3 7 2

29 나누는 소수 한 자리 수를 자연수로 만드는 게 핵심!

목표 시간 4분

계산하세요.

나누는 수가 자연수가 되도록
소수점을 옮긴 다음 계산해 봐요.

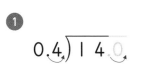

1. $0.4\overline{)14.0}$

5. $4.8\overline{)72}$

9. $7.6\overline{)266}$

2. $1.8\overline{)27}$

6. $6.4\overline{)96}$

10. $8.8\overline{)396}$

3. $2.6\overline{)65}$

7. $2.5\overline{)110}$

4. $3.5\overline{)91}$

8. $4.2\overline{)147}$

앗! 실수 친구들이 자주 틀리는 문제

11. $5.8\overline{)232}$

12. $6.4\overline{)192}$

목표 시간 4분

✂ 계산하세요.

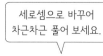
세로셈으로 바꾸어 차근차근 풀어 보세요.

① $4 \div 0.8 =$

② $9 \div 1.5 =$

③ $36 \div 2.4 =$

④ $72 \div 4.5 =$

⑤ $90 \div 3.6 =$

⑥ $87 \div 5.8 =$

⑦ $112 \div 3.2 =$

⑧ $156 \div 6.5 =$

⑨ $195 \div 7.8 =$

친구들이 자주 틀리는 문제!  앗! 실수

⑩ $140 \div 3.5 =$

⑪ $372 \div 6.2 =$

내가 틀린 문제 한 번 더 풀기

☐ ÷ ☐ = ☐

30 (자연수)÷(소수 두 자리 수) 계산하기

❀ 계산하세요.

> 나누는 수가 자연수가 되도록
> 소수점을 오른쪽으로 두 자리씩
> 옮겨 자연수의 나눗셈을 하면 돼요.

① 0.25)2.00

```
        8
0.25)2.00
     2 0 0
         0
```

> 소수점을 오른쪽으로
> 옮기려는데 자리가
> 없으면 0을 채워 써요.

⑤ 1.75)21

⑨ 5.25)42

② 0.75)3.00

> 소수점을
> 옮기고 0을
> 채워 보세요~

⑥ 3.25)52

⑩ 6.75)54

③ 0.44)11

⑦ 2.24)56

⑪ 7.25)87

④ 1.25)5

⑧ 4.75)57

⑫ 5.75)92

목표 시간
4분

✂️ 계산하세요.

소수점을 오른쪽으로 옮길 때 수가
없으면 꼭 0을 채워 써야 해요.

① 0.36)9.00

⑤ 1.68)42

⑨ 7.75)93

② 1.75)14

⑥ 4.25)68

⑩ 8.25)66

• 친구들이 자주 틀리는 문제!   앗! 실수

③ 2.25)36

⑦ 6.25)75

⑪ 0.12)6

몫의 일의 자리의
0을 빠뜨리지
않도록 주의해요.

④ 1.84)46

⑧ 3.75)90

⑫ 1.25)50

31 나누는 소수 두 자리 수를 자연수로 만드는 게 핵심!

목표 시간 4분

❀ 계산하세요.

나누는 수가 자연수가 되도록 소수점을 옮긴 다음 계산해 봐요.

① 0.12)9.00

⑤ 6.75)27

⑨ 2.44)183

② 0.36)27

⑥ 9.25)74

⑩ 4.32)108

③ 1.44)36

⑦ 3.12)78

앗! 실수 친구들이 자주 틀리는 문제

⑪ 5.75)115

④ 2.75)66

⑧ 7.25)87

⑫ 8.25)330

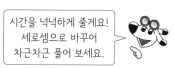

시간을 넉넉하게 줄게요!
세로셈으로 바꾸어
차근차근 풀어 보세요.

✽ 계산하세요.

❶ 6÷0.75=

❷ 20÷1.25=

❸ 39÷1.56=

❹ 51÷4.25=

❺ 66÷2.75=

❻ 81÷2.25=

❼ 62÷7.75=

❽ 104÷3.25=

❾ 136÷5.44=

친구들이 자주 틀리는 문제!   앗! 실수

❿ 86÷1.72=

⓫ 207÷3.45=

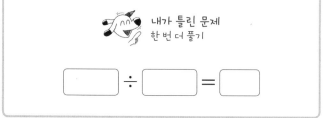

내가 틀린 문제
한 번 더 풀기

☐ ÷ ☐ = ☐

❋ 계산하세요.

다 풀고 나서 몫의 소수점을
맞게 찍었는지 확인까지 하면 최고!

①
$$0.4\overline{)9.2}$$

⑤
$$0.6\,3\overline{)1\,0.0\,8}$$

⑨
$$0.6\overline{)2\,7}$$

②
$$3.6\overline{)5\,0.4}$$

⑥
$$4.3\overline{)6.4\,5}$$

⑩
$$3.5\overline{)4\,9}$$

③
$$0.2\,8\overline{)2.5\,2}$$

⑦
$$2.7\overline{)1\,1.3\,4}$$

⑪
$$0.7\,2\overline{)1\,8}$$

④
$$0.5\,2\overline{)8.3\,2}$$

⑧
$$6.4\overline{)2\,3.6\,8}$$

⑫
$$3.2\,5\overline{)7\,8}$$

❀ 빈칸에 알맞은 수를 써넣으세요.

①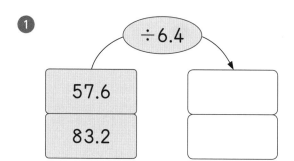

②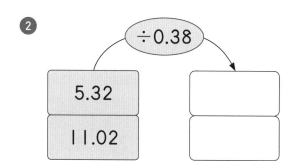

③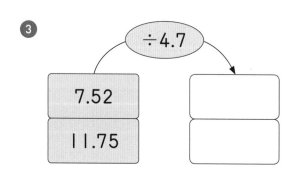

④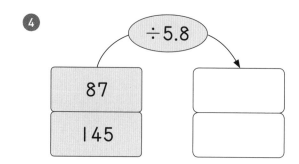

⑤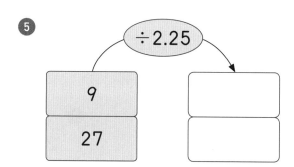

소수의 나눗셈 비결은 나누는 수를
자연수로 바꾸는 거예요~
몫을 쓸 땐 옮겨진 소수점에
맞추어 콕! 잊지 마세요~

76

33 몫을 반올림하여 소수 첫째 자리까지 나타내기

✂️ 몫을 반올림하여 소수 첫째 자리까지 나타내세요.
구하려는 자리 바로 아래 자리의 숫자가 0, 1, 2, 3, 4이면 버리고,
5, 6, 7, 8, 9이면 올리는 방법

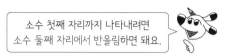

소수 첫째 자리까지 나타내려면
소수 둘째 자리에서 반올림하면 돼요.

①

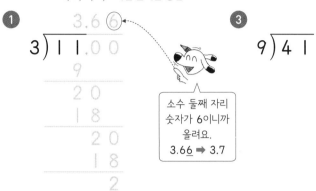

$$3\overline{)11.00}$$

```
    3.6 6
 3)1 1.0 0
    9
    2 0
    1 8
      2 0
      1 8
        2
```

소수 둘째 자리
숫자가 6이니까
올려요.
3.66 ➡ 3.7

③

$$9\overline{)41}$$

⑤

$$6\overline{)8.9}$$

(   )   (   )   (   )

몫을 끝까지 구하려고 애쓰지 마요.
먼저 몫을 소수 둘째 자리까지만
구해 보세요~

②

$$7\overline{)23}$$

④

$$13\overline{)24}$$

⑥

$$1.1\overline{)7.2}$$

(   )   (   )   (   )

주의! 소수 둘째 자리 숫자가
5, 6, 7, 8, 9일 때만 올려야 해요.

소수 둘째 자리 숫자가 5와 같거나 크면 올리고, 5보다 작으면 버려요~

❀ 몫을 반올림하여 소수 첫째 자리까지 나타내세요.

1

$6\overline{)13}$

몫을 소수 둘째 자리까지만 구하면 돼요.

3

$13\overline{)50}$

5

$7\overline{)17.3}$

(   )   (   )   (   )

2

$9\overline{)41}$

4

$3\overline{)10.6}$

6

$1.2\overline{)9.4}$

(   )   (   )   (   )

목표 시간 3분

✂ 몫을 반올림하여 소수 둘째 자리까지 나타내세요.

소수 둘째 자리까지 나타내려면
소수 셋째 자리에서 반올림하면 돼요.

①

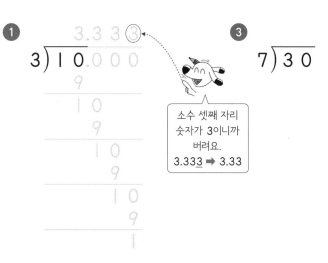

```
      3.3 3 3
  3) 1 0.0 0 0
     9
     1 0
       9
       1 0
         9
         1 0
           9
           1
```

소수 셋째 자리
숫자가 3이니까
버려요.
3.333 ➡ 3.33

③
```
7) 3 0
```

⑤
```
1 1) 2 3.7
```

(   )   (   )   (   )

먼저 몫을 소수 셋째 자리까지만
구해 보세요~

②
```
6) 7
```

④
```
9) 2 1.5
```

⑥
```
0.7) 4.4
```

(   )   (   )   (   )

79

❈ 몫을 반올림하여 소수 둘째 자리까지 나타내세요.

소수 셋째 자리 숫자가 5와 같거나
크면 올리고, 5보다 작으면 버려요~

❶ 7)1 3

몫을 소수 셋째
자리까지만
구하면 돼요.

❸ 1 1)5

❺ 1 4)3 5.6

(   )   (   )   (   )

❷ 6)1 9

❹ 3)1 3.4

❻ 1.3)6.2

(   )   (   )   (   )

목표 시간 4분

✂ 몫을 반올림하여 주어진 자리까지 나타내세요.

① 31÷6

일의 자리까지 (   )
└─ 소수 첫째 자리에서 반올림해요.

소수 첫째 자리까지 (   )
└─ 소수 둘째 자리에서 반올림해요.

소수 둘째 자리까지 (   )
└─ 소수 셋째 자리에서 반올림해요.

② 8.9÷2.9

일의 자리까지 (   )

소수 첫째 자리까지 (   )

소수 둘째 자리까지 (   )

③ 17.8÷2.3

일의 자리까지 (   )

소수 첫째 자리까지 (   )

소수 둘째 자리까지 (   )

목표 시간
4분

❀ 몫을 반올림하여 주어진 자리까지 나타내세요.

몫을 구하려는 자리보다 한 자리 아래 자리까지 구한 다음 반올림하면 돼요.

① $11 \div 7$

➡ 일의 자리 ( )

② $3.5 \div 9$

➡ 소수 첫째 자리 ( )

③ $15.6 \div 7$

➡ 소수 둘째 자리 ( )

④ $36.5 \div 11$

➡ 일의 자리 ( )

⑤ $68 \div 9$

➡ 소수 첫째 자리 ( )

⑥ $1.4 \div 0.3$

➡ 소수 둘째 자리 ( )

⑦ $4.7 \div 1.7$

➡ 소수 첫째 자리 ( )

⑧ $51.6 \div 13$

➡ 소수 둘째 자리 ( )

36 몫을 자연수까지 구하고 남는 수 구하기

✖ 나눗셈의 몫을 자연수까지 구하고, 남는 수를 구하세요.

① 몫 → 3
2)7.5
6
남는 수 → 1.5

몫을 자연수까지 구하고 스톱!

남는 수의 소수점은 나누어지는 수의 소수점 위치에 맞추어 콕!

| 몫 (3) |
| 남는 수 (1.5) |

④
3)2 8.7

| 몫 ( ) |
| 남는 수 ( ) |

⑦
7)5 0.2

| 몫 ( ) |
| 남는 수 ( ) |

②
3)1 1.3

| 몫 ( ) |
| 남는 수 ( ) |

⑤
5)3 2.6

| 몫 ( ) |
| 남는 수 ( ) |

⑧
8)4 6.4

| 몫 ( ) |
| 남는 수 ( ) |

③
4)1 9.2

| 몫 ( ) |
| 남는 수 ( ) |

⑥
6)4 3.5

| 몫 ( ) |
| 남는 수 ( ) |

⑨
9)7 0.1

| 몫 ( ) |
| 남는 수 ( ) |

목표 시간 **2**분

🏵 나눗셈의 몫을 자연수까지 구하고, 남는 수를 구하세요.

> 몫을 자연수까지만 구하고 멈춰요~ 남는 수에는 소수점 콕!

①

$2)\overline{2\ 3.1}$

> 남는 수는 나누는 수보다 항상 작아야 해요.

몫 (　　　　　)

남는 수 (　　　　　)

④

$5)\overline{6\ 3.2}$

몫 (　　　　　)

남는 수 (　　　　　)

⑦

$8)\overline{9\ 2.7}$

몫 (　　　　　)

남는 수 (　　　　　)

②

$3)\overline{4\ 1.4}$

몫 (　　　　　)

남는 수 (　　　　　)

⑤

$6)\overline{9\ 3.5}$

몫 (　　　　　)

남는 수 (　　　　　)

● 친구들이 자주 틀리는 문제! **앗! 실수**

⑧

$4)\overline{1\ 2.6}$

몫 (　　　　　)

남는 수 (　　　　　)

> 남는 수의 자연수 부분에 0을 빠뜨리지 않도록 주의하세요!

③

$4)\overline{5\ 7.8}$

몫 (　　　　　)

남는 수 (　　　　　)

⑥

$7)\overline{8\ 5.9}$

몫 (　　　　　)

남는 수 (　　　　　)

⑨

$6)\overline{3\ 0.3}$

몫 (　　　　　)

남는 수 (　　　　　)

37 몫을 자연수까지 구하고 멈춰! 남는 수엔 소수점 콕!

목표 시간 2분

※ 나눗셈의 몫을 자연수까지 구하고, 남는 수를 구하세요.

❶ $3\overline{)14.2}$

남는 수의 소수점은
나누어지는 수의 소수점
위치에 맞추어 콕!

몫 (　　　　)
남는 수 (　　　　)

❹ $5\overline{)37.8}$

몫 (　　　　)
남는 수 (　　　　)

❼ $4\overline{)74.6}$

몫 (　　　　)
남는 수 (　　　　)

❷ $4\overline{)23.7}$

몫 (　　　　)
남는 수 (　　　　)

❺ $7\overline{)61.9}$

몫 (　　　　)
남는 수 (　　　　)

❽ $6\overline{)84.4}$

몫 (　　　　)
남는 수 (　　　　)

❸ $6\overline{)49.5}$

몫 (　　　　)
남는 수 (　　　　)

❻ $8\overline{)81.3}$

몫 (　　　　)
남는 수 (　　　　)

❾ $9\overline{)94.6}$

몫 (　　　　)
남는 수 (　　　　)

❀ 나눗셈의 몫을 자연수까지 구하고, 남는 수를 구하세요.

① $25.7 \div 4$

몫 (   )

남는 수 (   )

⑤ $57.3 \div 2$

몫 (   )

남는 수 (   )

② $38.5 \div 3$

몫 (   )

남는 수 (   )

⑥ $59.1 \div 6$

몫 (   )

남는 수 (   )

③ $41.2 \div 5$

몫 (   )

남는 수 (   )

⑦ $89.7 \div 8$

몫 (   )

남는 수 (   )

④ $72.4 \div 7$

몫 (   )

남는 수 (   )

⑧ $90.4 \div 9$

몫 (   )

남는 수 (   )

38 소수의 나눗셈 완벽하게 끝내기

여기까지 오다니 정말 대단해요!
이제 소수의 나눗셈을 모아 풀면서
완벽하게 마무리해요!

❋ 계산하세요.

① 0.8) 2 9.6

⑤ 0.7 6) 1 3.6 8

⑨ 0.6) 9

② 2.3) 6 6.7

⑥ 1.7) 6.1 2

⑩ 5.6) 2 8

③ 0.3 2) 2.5 6

⑦ 3.6) 1 5.4 8

⑪ 8.5) 2 3 8

④ 0.4 7) 5.6 4

⑧ 7.4) 4 3.6 6

⑫ 1.2 4) 9 3

목표 시간 4분

✿ 빈칸에 몫을 반올림하여 주어진 자리까지 나타내세요.

❶ 일의 자리

| 30 | 7 | |
| 34.7 | 6 | |

몫을 구하려는 자리보다
한 자리 아래까지만
구하고 반올림하면 돼요~

❷ 소수 첫째 자리

| 23 | 3 | |
| 16.4 | 0.9 | |

❹ 소수 첫째 자리

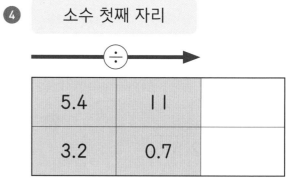

| 5.4 | 11 | |
| 3.2 | 0.7 | |

❸ 소수 둘째 자리

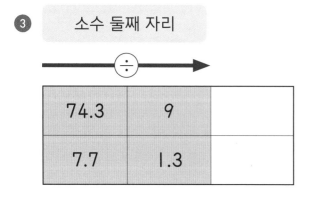

| 74.3 | 9 | |
| 7.7 | 1.3 | |

❺ 소수 둘째 자리

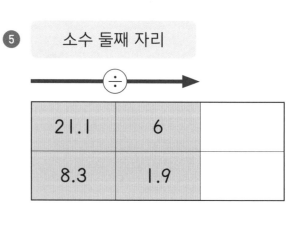

| 21.1 | 6 | |
| 8.3 | 1.9 | |

39 생활 속 연산 — 소수의 나눗셈

목표 시간
3분

✖ 그림을 보고 ☐ 안에 알맞은 수를 써넣으세요.

1

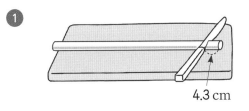

4.3 cm

민지가 51.6 cm인 가래떡을 4.3 cm씩 똑같이 자르려고 합니다. 가래떡은 모두 ☐도막으로 자를 수 있습니다.

2

연료의 양: 0.4 L
갈 수 있는 거리: 1 km

연료 0.4 L로 1 km를 갈 수 있는 자동차가 있습니다. 이 자동차가 연료 46.28 L로 갈 수 있는 거리는 ☐ km입니다.

3

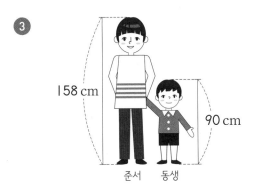

158 cm

90 cm

준서   동생

준서의 키는 158 cm이고 동생의 키는 90 cm입니다. 준서의 키는 동생의 키의 몇 배인지 몫을 반올림하여 소수 첫째 자리까지 나타내면 ☐배입니다.

4

고구마 22.5 kg

고구마 22.5 kg을 한 바구니에 3 kg씩 나누어 담으면 ☐바구니에 담을 수 있고, 남는 고구마의 무게는 ☐ kg입니다.

89

바빠독이 이글루를 찾아가려고 합니다. 올바른 답이 적힌 길을 따라가 보세요.

셋째
마당

비례식과 비례배분

교과서 4. 비례식과 비례배분

🔆 바빠 개념 쏙쏙!

☆ 전항과 후항

3 : 4

전항 후항

> 비에서 기호 ':' 앞에 있는 수를 전항, 뒤에 있는 수를 후항이라고 해요.

> 앞에 있으니 전항!

> 뒤에 있으니 후항!

☆ 비의 성질

① 비의 전항과 후항에 0이 아닌 같은 수를 곱해도 비율은 같습니다.

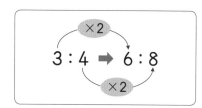

3 : 4 ➡ 6 : 8

3 : 4의 비율 ➡ $\dfrac{3}{4}$

> 비율이 같아요.

6 : 8의 비율 ➡ $\dfrac{6}{8} = \dfrac{3}{4}$

② 비의 전항과 후항을 0이 아닌 같은 수로 나눠도 비율은 같습니다.

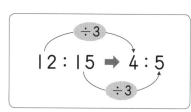

12 : 15 ➡ 4 : 5

12 : 15의 비율 ➡ $\dfrac{12}{15} = \dfrac{4}{5}$

4 : 5의 비율 ➡ $\dfrac{4}{5}$

> 비율이 같아요.

☆ 비례식과 비례식의 성질

• 비례식: 비율이 같은 두 비를 기호 '='를 사용하여 나타낸 식

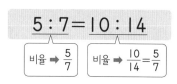

5 : 7 = 10 : 14

비율 ➡ $\dfrac{5}{7}$ 비율 ➡ $\dfrac{10}{14} = \dfrac{5}{7}$

> 바깥쪽에 있는 우리가 외항!

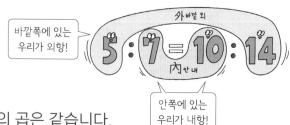

> 안쪽에 있는 우리가 내항!

• 비례식에서 외항의 곱과 내항의 곱은 같습니다.

외항

5 : 7 = 10 : 14

내항

• 외항의 곱: 5 × 14 = 70
• 내항의 곱: 7 × 10 = 70

> 곱이 같아요.

40 0이 아닌 같은 수를 곱해도 비율은 같아

�֎ 비의 성질을 이용하여 비율이 같은 비로 나타내세요.

①
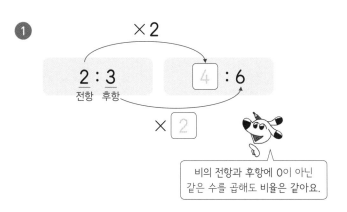

×2

2 : 3   4 : 6
전항 후항

×2

비의 전항과 후항에 0이 아닌
같은 수를 곱해도 비율은 같아요.

⑤
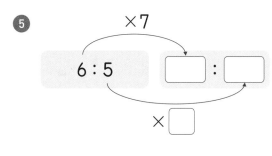

×7

6 : 5   ☐ : ☐

×☐

②
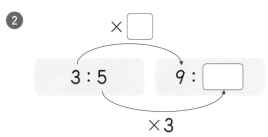

×☐

3 : 5   9 : ☐

×3

⑥
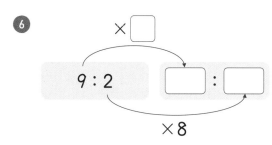

×☐

9 : 2   ☐ : ☐

×8

③
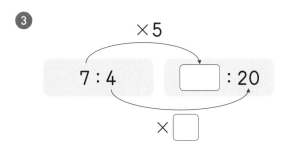

×5

7 : 4   ☐ : 20

×☐

⑦
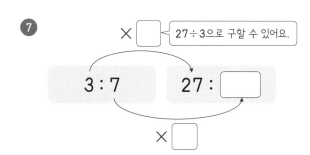

×☐ 27÷3으로 구할 수 있어요.

3 : 7   27 : ☐

×☐

④
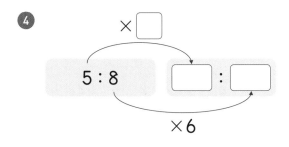

×☐

5 : 8   ☐ : ☐

×6

⑧
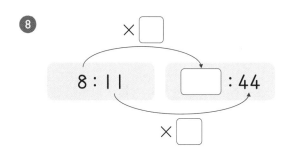

×☐

8 : 11   ☐ : 44

×☐

93

목표 시간
2분

❀ 비의 성질을 이용하여 비율이 같은 비로 나타내세요.

1 $4 : 3 \Rightarrow (4 \times 2) : (3 \times \boxed{2})$

$\Rightarrow 8 : \boxed{}$

전항에 2를 곱했으니까
후항에도 똑같이 2를 곱해 봐요.

2 $5 : 2 \Rightarrow (5 \times \boxed{}) : (2 \times 4)$

$\Rightarrow \boxed{} : 8$

3 $4 : 5 \Rightarrow (4 \times 3) : (5 \times \boxed{})$

$\Rightarrow 12 : \boxed{}$

4 $2 : 7 \Rightarrow (2 \times \boxed{}) : (7 \times 6)$

$\Rightarrow \boxed{} : \boxed{}$

5 $3 : 8 \Rightarrow (3 \times 7) : (8 \times \boxed{})$

$\Rightarrow \boxed{} : \boxed{}$

6 $5 : 6 \Rightarrow (5 \times \boxed{}) : (6 \times 5)$

$\Rightarrow \boxed{} : \boxed{}$

7 $7 : 5 \Rightarrow (7 \times 8) : (5 \times \boxed{})$

$\Rightarrow \boxed{} : \boxed{}$

54÷9로 구할 수 있어요.

8 $9 : 4 \Rightarrow (9 \times \boxed{}) : (4 \times \boxed{})$

$\Rightarrow 54 : \boxed{}$

9 $8 : 7 \Rightarrow (8 \times \boxed{}) : (7 \times \boxed{})$

$\Rightarrow \boxed{} : 63$

10 $7 : 12 \Rightarrow (7 \times \boxed{}) : (12 \times \boxed{})$

$\Rightarrow 35 : \boxed{}$

0이 아닌 같은 수로 나눠도 비율은 같아

목표 시간 2분

✿ 비의 성질을 이용하여 비율이 같은 비로 나타내세요.

①
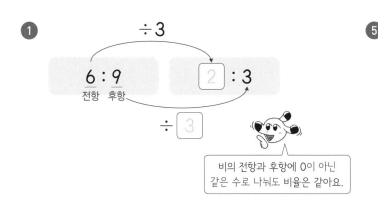

÷3

6 : 9   →   2 : 3
전항 후항

÷ 3

비의 전항과 후항에 0이 아닌
같은 수로 나눠도 비율은 같아요.

⑤
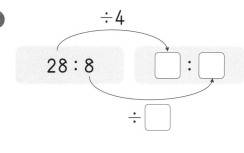

÷4

28 : 8   →   □ : □

÷ □

②
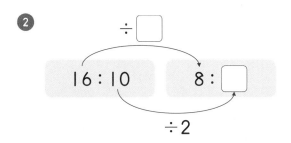

÷ □

16 : 10   →   8 : □

÷2

⑥
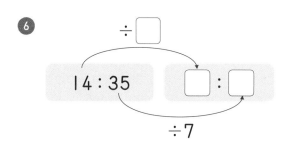

÷ □

14 : 35   →   □ : □

÷7

③
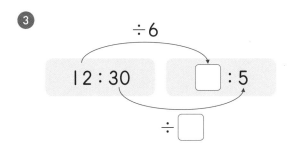

÷6

12 : 30   →   □ : 5

÷ □

⑦
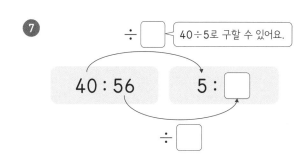

÷ □   40÷5로 구할 수 있어요.

40 : 56   →   5 : □

÷ □

④
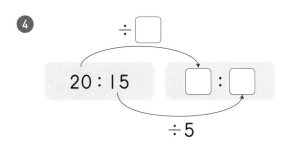

÷ □

20 : 15   →   □ : □

÷5

⑧
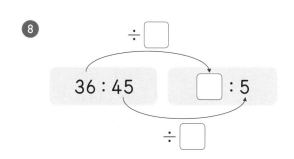

÷ □

36 : 45   →   □ : 5

÷ □

[어떤 수를 0으로 나눌 수는 없으므로 전항과 후항을
각각 0이 아닌 같은 수로 나눠야 합니다.]

✂ 비의 성질을 이용하여 비율이 같은 비로 나타내세요.

① 4 : 18 ➡ (4÷2) : (18÷ 2)

➡ 2 : ☐

전항을 2로 나눴으니까
후항도 똑같이 2로 나눠 봐요.

② 15 : 12 ➡ (15÷ ☐) : (12÷3)

➡ ☐ : 4

③ 32 : 20 ➡ (32÷4) : (20÷ ☐)

➡ 8 : ☐

④ 25 : 45 ➡ (25÷ ☐) : (45÷5)

➡ ☐ : ☐

⑤ 49 : 14 ➡ (49÷7) : (14÷ ☐)

➡ ☐ : ☐

⑥ 24 : 40 ➡ (24÷ ☐) : (40÷8)

➡ ☐ : ☐

⑦ 42 : 36 ➡ (42÷6) : (36÷ ☐)

➡ ☐ : ☐

35÷5로 구할 수 있어요.

⑧ 35 : 56 ➡ (35÷ ☐) : (56÷ ☐)

➡ 5 : ☐

⑨ 27 : 63 ➡ (27÷ ☐) : (63÷ ☐)

➡ ☐ : 7

⑩ 64 : 24 ➡ (64÷ ☐) : (24÷ ☐)

➡ 8 : ☐

목표 시간 3분

❀ 가장 간단한 자연수의 비로 나타내세요.

전항과 후항을 두 수의 최대공약수로 나누면 가장 간단한 자연수의 비로 나타낼 수 있어요.

4와 8의 최대공약수로 나눠요.

① 4 : 8 ➡ (4÷4) : (8÷☐)

➡ 1 : ☐

⑥ 20 : 50 ➡ (20÷10) : (50÷☐)

➡ ☐ : ☐

② 12 : 6 ➡ (12÷☐) : (6÷6)

➡ ☐ : 1

⑦ 42 : 14 ➡ (42÷☐) : (14÷14)

➡ ☐ : ☐

③ 27 : 45 ➡ (27÷9) : (45÷☐)

➡ 3 : ☐

22와 88의 최대공약수를 써 보세요.

⑧ 22 : 88 ➡ (22÷☐) : (88÷☐)

➡ ☐ : ☐

④ 16 : 28 ➡ (16÷☐) : (28÷4)

➡ ☐ : ☐

⑨ 48 : 36 ➡ (48÷☐) : (36÷☐)

➡ ☐ : ☐

⑤ 32 : 40 ➡ (32÷8) : (40÷☐)

➡ ☐ : ☐

⑩ 63 : 81 ➡ (63÷☐) : (81÷☐)

➡ ☐ : ☐

목표 시간 **3분**

❋ 가장 간단한 자연수의 비로 나타내세요.

❶ 6 : 18 ➡ ☐ : ☐

각 항을 6과 18의
최대공약수로
한 번에 나눠 봐요.

❼ 45 : 9 ➡ ☐ : ☐

❷ 30 : 15 ➡ ☐ : ☐

❽ 60 : 24 ➡ ☐ : ☐

❸ 8 : 20 ➡ ☐ : ☐

❾ 28 : 70 ➡ ☐ : ☐

❹ 27 : 18 ➡ ☐ : ☐

❿ 54 : 36 ➡ ☐ : ☐

❺ 24 : 32 ➡ ☐ : ☐

⓫ 64 : 48 ➡ ☐ : ☐

❻ 40 : 60 ➡ ☐ : ☐

⓬ 90 : 150 ➡ ☐ : ☐

43 소수의 비를 간단한 자연수의 비로 나타내기

✂ 가장 간단한 자연수의 비로 나타내세요.

전항과 후항에 10, 100, 1000······을
곱해서 자연수의 비로 나타내요.

① 0.2 : 0.3 소수 한 자리 수이므로 10을 곱해요.

➡ (0.2×10) : (0.3× [ ])

➡ 2 : [ ]

⑤ 0.04 : 0.07 소수 두 자리 수이므로 100을 곱해요.

➡ (0.04×100) : (0.07× [ ])

➡ 4 : [ ]

② 0.7 : 4.6

➡ (0.7× [ ]) : (4.6×10)

➡ [ ] : 46

⑥ 0.29 : 0.13

➡ (0.29× [ ]) : (0.13×100)

➡ 29 : [ ]

③ 3.8 : 2.1

➡ (3.8× [ ]) : (2.1× [ ])

➡ [ ] : [ ]

⑦ 1.44 : 1.53

➡ (1.44× [ ]) : (1.53× [ ])

➡ [ ] : [ ]

④ 6.4 : 3.2

➡ (6.4× [ ]) : (3.2×10)

➡ [ ] : [ ]

➡ ([ ] ÷32) : (32÷ [ ])

➡ [ ] : [ ]

자연수의 비에서 가장 간단한
자연수의 비로 나타내려면
최대공약수로 나눠야 해요.

⑧ 0.15 : 0.45

➡ (0.15× [ ]) : (0.45×100)

➡ [ ] : 45

➡ ([ ] ÷15) : (45÷ [ ])

➡ [ ] : [ ]

목표 시간
3분

✂ 가장 간단한 자연수의 비로 나타내세요.

소수 한 자리 수이면 10을,
소수 두 자리 수이면 100을,
소수 세 자리 수이면 1000을
각 항에 곱해 보세요~

① 1.5 : 0.8

➡ ( )

⑦ 0.4 : 1.6

➡ ( )

각 항에 10을 곱한 다음
최대공약수로 나눠야 해요.

② 5.4 : 3.1

➡ ( )

⑧ 6.4 : 2.4

➡ ( )

③ 0.09 : 0.22

➡ ( )

⑨ 0.12 : 0.18

➡ ( )

④ 1.04 : 0.97

➡ ( )

⑩ 0.137 : 0.186

➡ ( )

⑤ 0.016 : 0.013

➡ ( )

친구들이 자주 틀리는 문제! 앗! 실수

⑪ 0.13 : 0.2

자릿수가 달라서
실수하기 쉬워요.

➡ ( )

0.2를 0.20이라고 생각하고
각 항에 100을 곱해 보세요.

⑥ 0.032 : 0.045

➡ ( )

⑫ 0.008 : 0.14

➡ ( )

44 분수의 비에 두 분모의 최소공배수를 곱하자

❀ 가장 간단한 자연수의 비로 나타내세요.

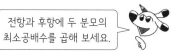
전항과 후항에 두 분모의
최소공배수를 곱해 보세요.

① $\dfrac{1}{2} : \dfrac{1}{3}$

두 분모의 최소공배수를 곱해요.

➡ $\left(\dfrac{1}{2}\times 6\right) : \left(\dfrac{1}{3}\times \boxed{}\right)$

➡ $3 : \boxed{}$

② $\dfrac{1}{4} : \dfrac{2}{5}$

➡ $\left(\dfrac{1}{4}\times \boxed{}\right) : \left(\dfrac{2}{5}\times 20\right)$

➡ $\boxed{} : 8$

③ $\dfrac{3}{5} : \dfrac{1}{6}$

➡ $\left(\dfrac{3}{5}\times 30\right) : \left(\dfrac{1}{6}\times \boxed{}\right)$

➡ $\boxed{} : \boxed{}$

④ $\dfrac{2}{3} : \dfrac{4}{7}$

➡ $\left(\dfrac{2}{3}\times \boxed{}\right) : \left(\dfrac{4}{7}\times 21\right)$

➡ $\boxed{} : 12$

➡ $\left(\boxed{}\div 2\right) : \left(12\div \boxed{}\right)$

➡ $\boxed{} : \boxed{}$

⑤ $\dfrac{1}{6} : \dfrac{1}{8}$

➡ $\left(\dfrac{1}{6}\times 24\right) : \left(\dfrac{1}{8}\times \boxed{}\right)$

➡ $\boxed{} : \boxed{}$

⑥ $\dfrac{3}{10} : \dfrac{1}{20}$

➡ $\left(\dfrac{3}{10}\times \boxed{}\right) : \left(\dfrac{1}{20}\times 20\right)$

➡ $\boxed{} : \boxed{}$

⑦ $\dfrac{1}{5} : \dfrac{4}{25}$

➡ $\left(\dfrac{1}{5}\times 25\right) : \left(\dfrac{4}{25}\times \boxed{}\right)$

➡ $\boxed{} : \boxed{}$

⑧ $\dfrac{3}{7} : \dfrac{9}{14}$

➡ $\left(\dfrac{3}{7}\times \boxed{}\right) : \left(\dfrac{9}{14}\times 14\right)$

➡ $\boxed{} : 9$

➡ $\left(\boxed{}\div 3\right) : \left(9\div \boxed{}\right)$

➡ $\boxed{} : \boxed{}$

❀ 가장 간단한 자연수의 비로 나타내세요.

두 분모의 최소공배수를 각 항에 곱하면 자연수의 비가 돼요~

1 $\dfrac{1}{4} : \dfrac{1}{6}$ ➡ (   )

7 $\dfrac{3}{4} : \dfrac{3}{8}$ ➡ (   )

자연수의 비로 나타낸 다음 최대공약수로 나눠야 해요.

2 $\dfrac{2}{5} : \dfrac{1}{3}$ ➡ (   )

8 $\dfrac{4}{9} : \dfrac{2}{3}$ ➡ (   )

3 $\dfrac{1}{9} : \dfrac{5}{12}$ ➡ (   )

9 $\dfrac{9}{14} : \dfrac{6}{7}$ ➡ (   )

4 $\dfrac{1}{6} : \dfrac{3}{10}$ ➡ (   )

10 $\dfrac{8}{9} : \dfrac{4}{5}$ ➡ (   )

5 $\dfrac{2}{7} : \dfrac{1}{8}$ ➡ (   )

11 $\dfrac{3}{8} : \dfrac{9}{10}$ ➡ (   )

6 $\dfrac{3}{10} : \dfrac{4}{15}$ ➡ (   )

12 $\dfrac{14}{15} : \dfrac{7}{9}$ ➡ (   )

45 대분수를 가분수로 바꾼 다음 최소공배수를 곱하자

✂ 가장 간단한 자연수의 비로 나타내세요.

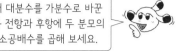

1 $\frac{3}{4} : 1\frac{2}{3}$

❶ 대분수를 가분수로 바꿔요.

➡ $\frac{3}{4} : \frac{\boxed{}}{3}$

➡ $(\frac{3}{4} \times 12) : (\frac{\boxed{}}{3} \times \boxed{})$

❷ 두 분모의 최소공배수를 곱해요.

➡ $9 : \boxed{}$

2 $1\frac{4}{7} : \frac{1}{2}$

➡ $\frac{\boxed{}}{7} : \frac{1}{2}$

➡ $(\frac{\boxed{}}{7} \times \boxed{}) : (\frac{1}{2} \times 14)$

➡ $\boxed{} : \boxed{}$

3 $\frac{7}{10} : 2\frac{1}{3}$

➡ $\frac{7}{10} : \frac{\boxed{}}{3}$

➡ $(\frac{7}{10} \times 30) : (\frac{\boxed{}}{3} \times \boxed{})$

➡ $21 : \boxed{}$

➡ $\boxed{} : \boxed{}$ 과정을 한 단계 줄여 볼까요?

4 $2\frac{2}{3} : 4\frac{1}{5}$

➡ $\frac{8}{3} : \frac{\boxed{}}{5}$

➡ $(\frac{8}{3} \times 15) : (\frac{\boxed{}}{5} \times \boxed{})$

➡ $40 : \boxed{}$

5 $3\frac{3}{4} : 2\frac{1}{6}$

➡ $\frac{\boxed{}}{4} : \frac{13}{6}$

➡ $(\frac{\boxed{}}{4} \times \boxed{}) : (\frac{13}{6} \times 12)$

➡ $\boxed{} : \boxed{}$

6 $1\frac{4}{5} : 1\frac{1}{8}$

➡ $\frac{9}{5} : \frac{\boxed{}}{8}$

➡ $(\frac{9}{5} \times 40) : (\frac{\boxed{}}{8} \times \boxed{})$

➡ $72 : \boxed{}$

➡ $\boxed{} : \boxed{}$

목표 시간
4분

�֎ 가장 간단한 자연수의 비로 나타내세요.

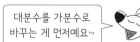
대분수를 가분수로
바꾸는 게 먼저예요~

1 $\dfrac{4}{5} : 2\dfrac{1}{4}$ ➡ ( )

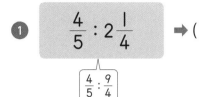
$\dfrac{4}{5} : \dfrac{9}{4}$

7 $\dfrac{5}{6} : 3\dfrac{1}{3}$ ➡ ( )

자연수의 비로 나타낸 다음
최대공약수로 나눠야 해요.

2 $2\dfrac{1}{3} : \dfrac{5}{7}$ ➡ ( )

8 $1\dfrac{3}{5} : \dfrac{8}{15}$ ➡ ( )

3 $\dfrac{7}{8} : 2\dfrac{1}{6}$ ➡ ( )

9 $\dfrac{3}{4} : 1\dfrac{5}{16}$ ➡ ( )

4 $2\dfrac{2}{3} : 4\dfrac{1}{2}$ ➡ ( )

10 $2\dfrac{4}{5} : 1\dfrac{1}{6}$ ➡ ( )

5 $5\dfrac{1}{2} : 1\dfrac{5}{7}$ ➡ ( )

11 $2\dfrac{1}{10} : 1\dfrac{7}{20}$ ➡ ( )

6 $1\dfrac{1}{15} : 1\dfrac{2}{9}$ ➡ ( )

12 $1\dfrac{7}{9} : 1\dfrac{5}{27}$ ➡ ( )

✂ 분수를 소수로 바꾸어 가장 간단한 자연수의 비로 나타내세요.

① $0.6 : \dfrac{1}{2}$ 분수를 소수로 바꾼 다음 비의 성질을 이용해 봐요.

➡ $0.6 : \boxed{}$ → ❶ 분수를 소수로 바꿔요.

➡ $(0.6 \times \boxed{}) : (\boxed{} \times 10)$

➡ $\boxed{} : \boxed{}$ ❷ 소수 한 자리 수이므로 10을 곱해요.

④ $0.12 : \dfrac{1}{4}$

➡ $0.12 : \boxed{}$ → ❶ 분수를 소수로 바꿔요.

➡ $(0.12 \times \boxed{}) : (\boxed{} \times 100)$

➡ $\boxed{} : \boxed{}$ ❷ 소수 두 자리 수이므로 100을 곱해요.

② $\dfrac{3}{5} : 1.9$

➡ $\boxed{} : 1.9$

➡ $(\boxed{} \times 10) : (1.9 \times \boxed{})$

➡ $\boxed{} : \boxed{}$

⑤ $\dfrac{7}{20} : 0.13$

➡ $\boxed{} : 0.13$

➡ $(\boxed{} \times 100) : (0.13 \times \boxed{})$

➡ $\boxed{} : \boxed{}$

③ $3.2 : 2\dfrac{4}{5}$

➡ $3.2 : \boxed{}$

➡ $(3.2 \times \boxed{}) : (\boxed{} \times 10)$

➡ $\boxed{} : \boxed{}$

➡ $(\boxed{} \div 4) : (\boxed{} \div 4)$

➡ $\boxed{} : \boxed{}$

⑥ $0.45 : 1\dfrac{3}{4}$

➡ $0.45 : \boxed{}$

➡ $(0.45 \times \boxed{}) : (\boxed{} \times 100)$

➡ $\boxed{} : \boxed{}$

➡ $(\boxed{} \div 5) : (\boxed{} \div 5)$

➡ $\boxed{} : \boxed{}$

✂ 소수를 분수로 바꾸어 가장 간단한 자연수의 비로 나타내세요.

이번에는 소수를 분수로 바꾼 다음 비의 성질을 이용해 봐요.

① $\dfrac{2}{7}$: 0.3

❶ 소수를 분수로 바꿔요.

➡ $\dfrac{2}{7}$: $\dfrac{\boxed{}}{10}$

➡ $(\dfrac{2}{7} \times 70)$: $(\dfrac{\boxed{}}{10} \times \boxed{})$

❷ 두 분모의 최소공배수를 곱해요.

➡ 20 : $\boxed{}$

④ $2\dfrac{1}{2}$: 0.8

➡ $\dfrac{5}{2}$: $\dfrac{\boxed{}}{10}$

➡ $(\dfrac{5}{2} \times 10)$: $(\dfrac{\boxed{}}{10} \times \boxed{})$

➡ 25 : $\boxed{}$

② 1.6 : $\dfrac{3}{4}$

➡ $\dfrac{\boxed{}}{10}$: $\dfrac{3}{4}$

➡ $(\dfrac{\boxed{}}{10} \times \boxed{})$: $(\dfrac{3}{4} \times 20)$

➡ $\boxed{}$: $\boxed{}$

⑤ 1.7 : $1\dfrac{1}{3}$

➡ $\dfrac{\boxed{}}{10}$: $\dfrac{\boxed{}}{3}$

소수는 분수로, 대분수는 가분수로 바꾸어 보세요~

➡ $(\dfrac{\boxed{}}{10} \times \boxed{})$: $(\dfrac{\boxed{}}{3} \times 30)$

➡ $\boxed{}$: $\boxed{}$

③ $\dfrac{5}{6}$: 2.5

➡ $\dfrac{5}{6}$: $\dfrac{\boxed{}}{10}$

➡ $(\dfrac{5}{6} \times 30)$: $(\dfrac{\boxed{}}{10} \times \boxed{})$

➡ 25 : $\boxed{}$

➡ $\boxed{}$: $\boxed{}$

⑥ $4\dfrac{1}{5}$: 2.1

➡ $\dfrac{\boxed{}}{5}$: $\dfrac{\boxed{}}{10}$

➡ $(\dfrac{\boxed{}}{5} \times 10)$: $(\dfrac{\boxed{}}{10} \times \boxed{})$

➡ $\boxed{}$: $\boxed{}$

➡ $\boxed{}$: $\boxed{}$

47 소수와 분수 중 하나로 통일한 다음 비의 성질을 이용해 😊 4분 😬

✂️ 가장 간단한 자연수의 비로 나타내세요.

소수와 분수 중 하나로 통일한 다음 비의 성질을 이용해 봐요.

자연수의 비로 나타낸 다음 최대공약수로 나눠야 해요.

1 $0.3 : \dfrac{4}{5}$ ➡ ( )

2 $0.5 : \dfrac{9}{10}$ ➡ ( )

3 $\dfrac{2}{3} : 0.7$ ➡ ( )

4 $\dfrac{3}{4} : 0.61$ ➡ ( )

5 $2.3 : 1\dfrac{1}{2}$ ➡ ( )

6 $1\dfrac{3}{5} : 1.9$ ➡ ( )

7 $0.6 : \dfrac{2}{5}$ ➡ ( )

8 $2.4 : \dfrac{3}{5}$ ➡ ( )

9 $\dfrac{1}{4} : 0.45$ ➡ ( )

10 $\dfrac{4}{25} : 0.12$ ➡ ( )

11 $1.4 : 2\dfrac{1}{5}$ ➡ ( )

12 $4\dfrac{1}{2} : 2.5$ ➡ ( )

❀ 가장 간단한 자연수의 비로 나타내세요.

1 $0.1 : \frac{1}{3}$ ➡ ( )

$\frac{1}{3}$은 소수로 나타낼 수 없으니까 0.1을 분수로 바꾸면 되겠죠?

2 $0.3 : \frac{1}{7}$ ➡ ( )

3 $\frac{1}{6} : 0.4$ ➡ ( )

4 $\frac{1}{4} : 0.32$ ➡ ( )

5 $2.7 : 1\frac{2}{5}$ ➡ ( )

6 $1\frac{1}{4} : 1.36$ ➡ ( )

7 $4.8 : \frac{4}{5}$ ➡ ( )

8 $\frac{3}{4} : 0.65$ ➡ ( )

9 $1.4 : 1\frac{3}{5}$ ➡ ( )

친구들이 자주 틀리는 문제! 앗! 실수

10 $1\frac{1}{2} : 0.75$ ➡ ( )

11 $\frac{1}{8} : 0.25$ ➡ ( )

12 $0.4 : \frac{3}{8}$ ➡ ( )

48 비율이 같은 두 비를 비례식으로 나타내자

목표 시간 3분

비율이 같은 두 비를 찾아 비례식으로 나타내세요.

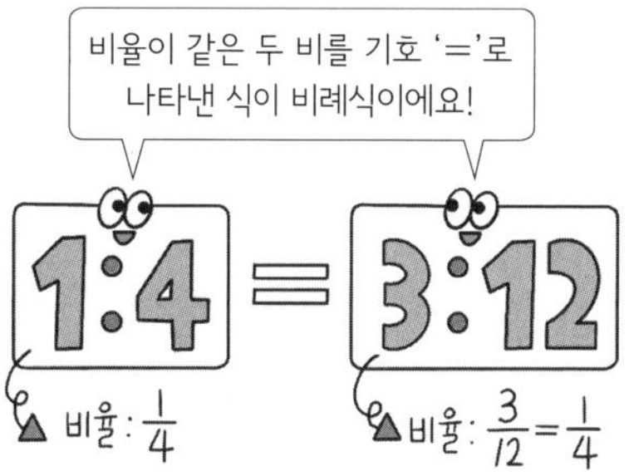

비율이 같은 두 비를 기호 '='로 나타낸 식이 비례식이에요!
1:4 = 3:12
비율 : $\frac{1}{4}$
비율 : $\frac{3}{12}=\frac{1}{4}$

❶ 1 : 4　3 : 12　4 : 12

➡ 1 : 4 = 3 : 12

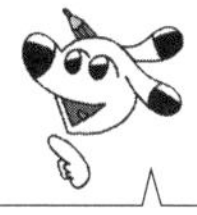

1 : 4의 비율이 $\frac{1}{4}$이니까 비율이 $\frac{1}{4}$인 비를 찾아 쓰면 돼요.

❷ 5 : 1　3 : 15　15 : 3

➡ 5 : 1 = ☐ : ☐

❸ 9 : 4　9 : 5　36 : 20

➡ 36 : 20 = ☐ : ☐

❹ 12 : 35　3 : 8　12 : 32

➡ 3 : 8 = ☐ : ☐

❺ 5 : 7　40 : 56　40 : 49

➡ 5 : 7 = ☐ : ☐

❻ 4 : 14　14 : 4　7 : 2

➡ 7 : 2 = ☐ : ☐

❼ 30 : 18　5 : 3　30 : 50

➡ 5 : 3 = ☐ : ☐

❽ 24 : 20　18 : 20　6 : 5

➡ 6 : 5 = ☐ : ☐

❾ 8 : 9　64 : 81　64 : 72

➡ 8 : 9 = ☐ : ☐

✂ 비율이 같은 두 비를 찾아 비례식으로 나타내세요.

1 | 2 : 1   7 : 14   20 : 10 |

➡ (2 : 1 =   )

기호 '='를 사용하여
비례식으로 나타내어 보세요.

2 | 15 : 5   1 : 3   8 : 24 |

➡ (:   =   :   )

두 비의 순서는
바꿔도 상관없어요.

3 | 35 : 21   25 : 12   5 : 3 |

➡ (   )

4 | 21 : 32   3 : 4   27 : 36 |

➡ (   )

5 | 40 : 48   15 : 24   5 : 6 |

➡ (   )

6 | 15 : 35   21 : 9   3 : 7 |

➡ (   )

7 | 5 : 9   30 : 54   20 : 27 |

➡ (   )

8 | 21 : 30   10 : 7   40 : 28 |

➡ (   )

9 | 4 : 11   12 : 22   16 : 44 |

➡ (   )

10 | 20 : 48   12 : 5   84 : 35 |

➡ (   )

49 비례식에서 외항의 곱과 내항의 곱은 같아

🌸 비례식의 성질을 이용하여 □ 안에 알맞은 수를 써넣으세요.

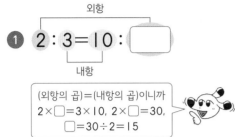

① 2 : 3 = 10 : □

외항

내항

(외항의 곱)=(내항의 곱)이니까
2×□=3×10, 2×□=30,
□=30÷2=15

비례식의 성질

비례식에서 외항이 곱과 내항의 곱은 같아요.

2 : 3 = 10 : 15

┌ 외항의 곱: 2×15=30
└ 내항의 곱: 3×10=30

② 3 : 4 = □ : 12

⑦ □ : 7 = 5 : 1

③ 7 : 2 = 35 : □

먼저 외항끼리 내항끼리
짝 지어 보세요.

⑧ 12 : □ = 6 : 7

④ 5 : □ = 20 : 24

⑨ □ : 45 = 2 : 5

⑤ 2 : 9 = □ : 72

⑩ 36 : 16 = □ : 4

⑥ □ : 8 = 21 : 56

⑪ 28 : □ = 7 : 8

✂ 비례식의 성질을 이용하여 □ 안에 알맞은 수를 써넣으세요.

1 $3 : 0.5 = 6 : \boxed{}$

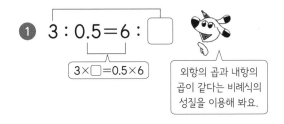

$3 \times \square = 0.5 \times 6$

외항의 곱과 내항의 곱이 같다는 비례식의 성질을 이용해 봐요.

7 $1 : \dfrac{3}{4} = 4 : \boxed{}$

$1 \times \square = \dfrac{3}{4} \times 4$

2 $1.8 : 3 = \boxed{} : 5$

8 $\dfrac{2}{3} : 3 = 2 : \boxed{}$

3 $2 : 2.6 = 10 : \boxed{}$

9 $6 : \dfrac{5}{6} = \boxed{} : 5$

4 $0.2 : 0.5 = 8 : \boxed{}$

10 $\dfrac{1}{8} : \dfrac{1}{6} = 3 : \boxed{}$

5 $0.4 : 0.7 = \boxed{} : 14$

11 $\dfrac{2}{5} : \dfrac{3}{7} = 14 : \boxed{}$

6 $1.5 : 2.5 = \boxed{} : 10$

12 $\dfrac{7}{9} : \dfrac{3}{10} = 70 : \boxed{}$

✄ ▨ 안의 수를 주어진 비로 나누어 보세요.

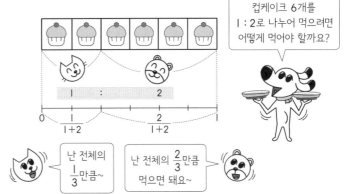

컵케이크 6개를
1 : 2로 나누어 먹으려면
어떻게 먹어야 할까요?

난 전체의 $\frac{1}{3}$만큼~

난 전체의 $\frac{2}{3}$만큼 먹으면 돼요~

① ▨ 6 ▭ 1 : 2

$$6 \times \frac{1}{1+\boxed{2}} = 6 \times \frac{1}{\boxed{}} = \boxed{}$$

$$6 \times \frac{2}{\boxed{1}+2} = 6 \times \frac{2}{\boxed{}} = \boxed{}$$

② ▨ 12 ▭ 3 : 1

$$12 \times \frac{3}{3+\boxed{}} = 12 \times \frac{3}{\boxed{}} = \boxed{}$$

$$12 \times \frac{1}{\boxed{}+1} = 12 \times \frac{1}{\boxed{}} = \boxed{}$$

⑤ ▨ 21 ▭ 3 : 4

$$21 \times \frac{3}{\boxed{}} = \boxed{}$$

$$21 \times \frac{4}{\boxed{}} = \boxed{}$$

③ ▨ 16 ▭ 5 : 3

$$16 \times \frac{5}{\boxed{}} = \boxed{}$$

$$16 \times \frac{3}{\boxed{}} = \boxed{}$$

과정을 하나
줄여 볼까요?

⑥ ▨ 36 ▭ 2 : 7

$$36 \times \frac{2}{\boxed{}} = \boxed{}$$

$$36 \times \frac{7}{\boxed{}} = \boxed{}$$

④ ▨ 25 ▭ 3 : 2

$$25 \times \frac{3}{\boxed{}} = \boxed{}$$

$$25 \times \frac{2}{\boxed{}} = \boxed{}$$

⑦ ▨ 55 ▭ 6 : 5

$$55 \times \frac{6}{\boxed{}} = \boxed{}$$

$$55 \times \frac{5}{\boxed{}} = \boxed{}$$

목표 시간 3분

✂ ▨ 안의 수를 주어진 비로 나누어 보세요.

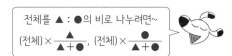
전체를 ▲ : ●의 비로 나누려면~
(전체) × $\dfrac{▲}{▲+●}$, (전체) × $\dfrac{●}{▲+●}$

① ▨ 15 | 2 : 3

➡ (,)

비례배분한 수를 더하면 전체 수와 같아요. 다 풀고 나서 답이 맞는지 확인해 봐요~

② ▨ 27 | 4 : 5

➡ (,)

③ ▨ 42 | 3 : 4

➡ (,)

④ ▨ 54 | 7 : 2

➡ (,)

⑤ ▨ 70 | 1 : 9

➡ (,)

⑥ ▨ 48 | 3 : 5

➡ (,)

⑦ ▨ 36 | 5 : 7

➡ (,)

⑧ ▨ 52 | 7 : 6

➡ (,)

⑨ ▨ 66 | 8 : 3

➡ (,)

⑩ ▨ 140 | 5 : 9

➡ (,)

51 비례식과 비례배분 완벽하게 끝내기

✂ 가장 간단한 자연수의 비로 나타내세요.

여기까지 오다니 정말 대단해요!
비례식과 비례배분을 복습하면서
완벽하게 마무리해요!

① 28 : 35 ➡ ( )

② 40 : 64 ➡ ( )

③ 72 : 18 ➡ ( )

④ 3.6 : 5.4 ➡ ( )

⑤ 0.48 : 0.3 ➡ ( )

⑥ 0.125 : 0.065 ➡ ( )

⑦ $\frac{1}{2} : \frac{4}{9}$ ➡ ( )

⑧ $1\frac{3}{4} : \frac{4}{5}$ ➡ ( )

⑨ $1\frac{1}{6} : 1\frac{1}{18}$ ➡ ( )

⑩ $\frac{2}{3} : 0.2$ ➡ ( )

⑪ $0.45 : \frac{3}{4}$ ➡ ( )

⑫ $\frac{4}{5} : 0.36$ ➡ ( )

✂ 수를 주어진 비로 나누어 보세요.

다 풀고 나서 비례배분한 수의 합이 전체 수가 되는지 확인까지 하면 최고!

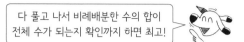

①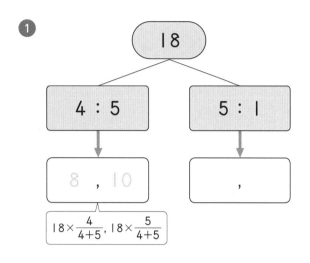

④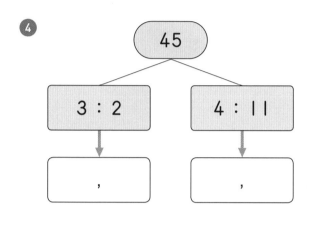

②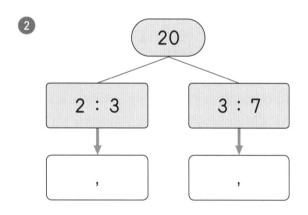

⑤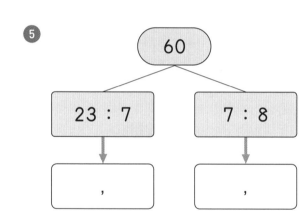

③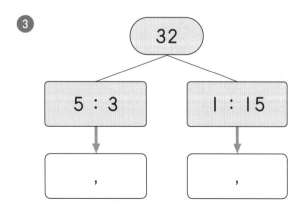

⑥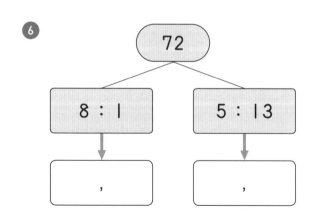

52 생활 속 연산 — 비례식과 비례배분

✂ 그림을 보고 ☐ 안에 알맞은 수를 써넣으세요.

1

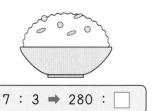

7 : 3 ➡ 280 : ☐

승민이네 집에서 짓는 잡곡밥의 백미와 잡곡의 비율은 7 : 3입니다. 백미를 280 g 넣는다면 잡곡은 ☐ g을 넣어야 합니다.

2

$\frac{2}{3}$시간 $\frac{3}{4}$시간

수지   윤우

수지는 $\frac{2}{3}$시간을 달렸고, 윤우는 $\frac{3}{4}$시간을 달렸습니다. 수지와 윤우가 달린 시간의 비를 가장 간단한 자연수의 비로 나타내면 ☐ : ☐ 입니다.

3

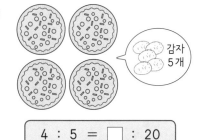

감자 5개

4 : 5 = ☐ : 20

피자 4판을 만드는 데 감자 5개가 필요합니다. 감자 20개로 만들 수 있는 피자는 ☐ 판입니다.

4

다정   3 : 2   동생

용돈 6000원을 다정이와 동생이 3 : 2로 나누어 가지려고 합니다. 다정이는 ☐ 원, 동생은 ☐ 원을 가질 수 있습니다.

동물들이 농장에서 캔 감자와 고구마의 비가 각각 다음과 같습니다. 비례식의 성질을 이용하여 ☐ 안에 알맞은 수를 써넣으세요.

1 3 : 5

감자 9 kg | 고구마 ☐ kg

3 6 : 1

감자 ☐ kg | 고구마 3 kg

2 7 : 2

감자 ☐ kg | 고구마 4 kg

4 4 : 3

감자 16 kg | 고구마 ☐ kg

넷째 마당

원의 넓이

교과서 5. 원의 넓이

💡 바빠 개념 쏙쏙!

⭐ 원주, 원주율 알아보기

- 원주: 원의 둘레

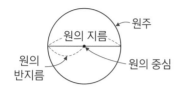

- 원주율: 원의 지름에 대한 원주의 비율

$$(원주율) = (원주) \div (지름)$$

원주는 지름의 약 3배예요.
(원주율)=(원주)÷(지름)
= 3.141592653……

⭐ 원주율을 이용하여 원주 구하기

$$(원주) = (지름) \times (원주율)$$
$$= (반지름) \times 2 \times (원주율)$$

(원주율)=(원주)÷(지름)

(원주)=(지름)×(원주율)

⭐ 원주율을 이용하여 지름 구하기

$$(지름) = (원주) \div (원주율)$$
$$(반지름) = (원주) \div (원주율) \div 2$$

(원주율)=(원주)÷(지름)

(지름)=(원주)÷(원주율)

⭐ 원의 넓이 구하기

$$(원의 넓이) = (반지름) \times (반지름) \times (원주율)$$

$(원주) \times \dfrac{1}{2}$

반지름

$(원의 넓이) = (원주) \times \dfrac{1}{2} \times (반지름)$
$= (원주율) \times (지름) \times \dfrac{1}{2} \times (반지름)$
$= (반지름) \times (반지름) \times (원주율)$

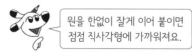

원을 한없이 잘게 이어 붙이면
점점 직사각형에 가까워져요.

53 원주는 지름과 원주율의 곱

목표 시간
3분

✂ 원주를 구하세요.

①
4 cm

원주율: 3

$4 \times$ ☐ $=$ ☐ (cm)
지름   원주율

(원주)=(지름)×(원주율)을
이용해서 구해 보세요.

②
11 cm

원주율: 3.1

$11 \times$ ☐ $=$ ☐ (cm)

③
7 cm

원주율: 3.14

$7 \times$ ☐ $=$ ☐ (cm)

④
16 cm

원주율: 3.1

$16 \times$ ☐ $=$ ☐ (cm)

⑤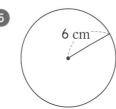
6 cm

원주율: 3

☐ $\times 2 \times 3 =$ ☐ (cm)
반지름   원주율

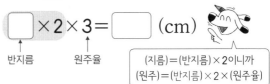
(지름)=(반지름)×2이니까
(원주)=(반지름)×2×(원주율)

⑥
3 cm

원주율: 3.1

☐ $\times 2 \times$ ☐ $=$ ☐ (cm)

⑦
10 cm

원주율: 3.14

$10 \times$ ☐ $\times$ ☐ $=$ ☐ (cm)

⑧
12 cm

원주율: 3.1

$12 \times$ ☐ $\times$ ☐ $=$ ☐ (cm)

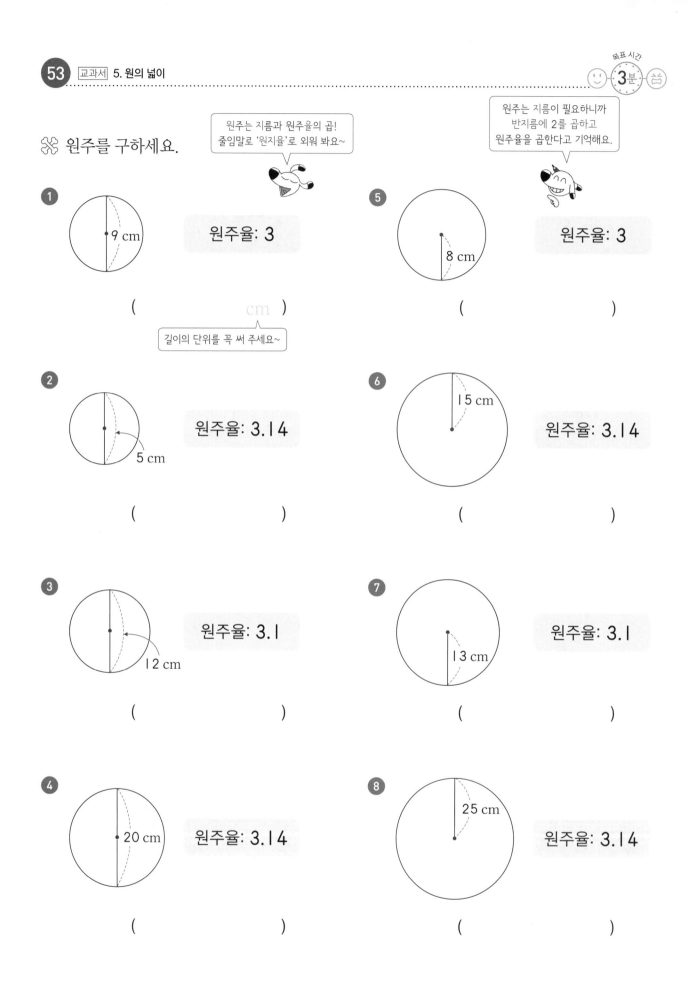

😸 원주를 구하세요.

원주는 지름과 원주율의 곱!
줄임말로 '원지율'로 외워 봐요~

원주는 지름이 필요하니까
반지름에 2를 곱하고
원주율을 곱한다고 기억해요.

① 9 cm   원주율: 3

(cm   )

길이의 단위를 꼭 써 주세요~

② 5 cm   원주율: 3.14

(   )

③ 12 cm   원주율: 3.1

(   )

④ 20 cm   원주율: 3.14

(   )

⑤ 8 cm   원주율: 3

(   )

⑥ 15 cm   원주율: 3.14

(   )

⑦ 13 cm   원주율: 3.1

(   )

⑧ 25 cm   원주율: 3.14

(   )

54 지름은 원주를 원주율로 나눈 값

목표 시간
3분

✂ 원의 지름을 구하세요.

'원지름'을 떠올리면 쉬워요.
(원주) = (지름) × (원주율)

(지름) = (원주) ÷ (원주율)

①

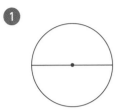

원주: 15 cm
원주율: 3

$15 \div \boxed{} = \boxed{}$ (cm)

원주 · 원주율

지름은 원주를 원주율로
나눠 구할 수 있어요.

②

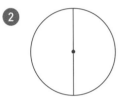

원주: 18.6 cm
원주율: 3.1

$\boxed{} \div 3.1 = \boxed{}$ (cm)

③

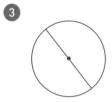

원주: 9.42 cm
원주율: 3.14

$9.42 \div \boxed{} = \boxed{}$ (cm)

④

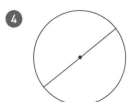

원주: 24.8 cm
원주율: 3.1

$\boxed{} \div 3.1 = \boxed{}$ (cm)

⑤

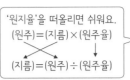

원주: 42 cm
원주율: 3

$42 \div \boxed{} = \boxed{}$ (cm)

⑥

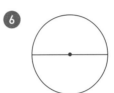

원주: 12.56 cm
원주율: 3.14

$\boxed{} \div 3.14 = \boxed{}$ (cm)

⑦

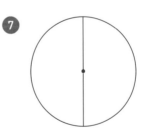

원주: 40.3 cm
원주율: 3.1

$\boxed{} \div \boxed{} = \boxed{}$ (cm)

⑧

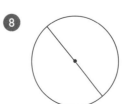

원주: 21.98 cm
원주율: 3.14

$\boxed{} \div \boxed{} = \boxed{}$ (cm)

😷 원의 지름을 구하세요.

(지름)=(원주)÷(원주율)도
정확하게 외우고 이용해요~

①

원주: 39 cm
원주율: 3

(cm   )

길이의 단위를 꼭 써 주세요~

⑤

원주: 51 cm
원주율: 3

(   )

②

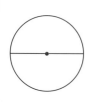

원주: 27.9 cm
원주율: 3.1

(   )

⑥

원주: 58.9 cm
원주율: 3.1

(   )

③

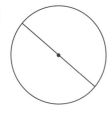

원주: 46.5 cm
원주율: 3.1

(   )

⑦

원주: 15.7 cm
원주율: 3.14

(   )

④

원주: 40.82 cm
원주율: 3.14

(   )

⑧

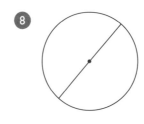

원주: 47.1 cm
원주율: 3.14

(   )

❀ 원의 반지름을 구하세요.

①

원주: 24 cm
원주율: 3

24 ÷ ☐ ÷ 2 = ☐ (cm)
원주   원주율

(원주)÷(원주율)은 지름이니까
반지름을 구하려면 2로 한 번
더 나누면 돼요.

②

원주: 37.2 cm
원주율: 3.1

☐ ÷ 3.1 ÷ 2 = ☐ (cm)

③

원주: 25.12 cm
원주율: 3.14

25.12 ÷ ☐ ÷ 2 = ☐ (cm)

④

원주: 49.6 cm
원주율: 3.1

☐ ÷ 3.1 ÷ 2 = ☐ (cm)

⑤
원주: 54 cm
원주율: 3

54 ÷ ☐ ÷ 2 = ☐ (cm)

⑥

원주: 18.84 cm
원주율: 3.14

☐ ÷ 3.14 ÷ 2 = ☐ (cm)

⑦

원주: 43.4 cm
원주율: 3.1

☐ ÷ ☐ ÷ 2 = ☐ (cm)

⑧
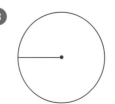
원주: 37.68 cm
원주율: 3.14

☐ ÷ ☐ ÷ 2 = ☐ (cm)

목표 시간
3분

원의 반지름을 구하세요.

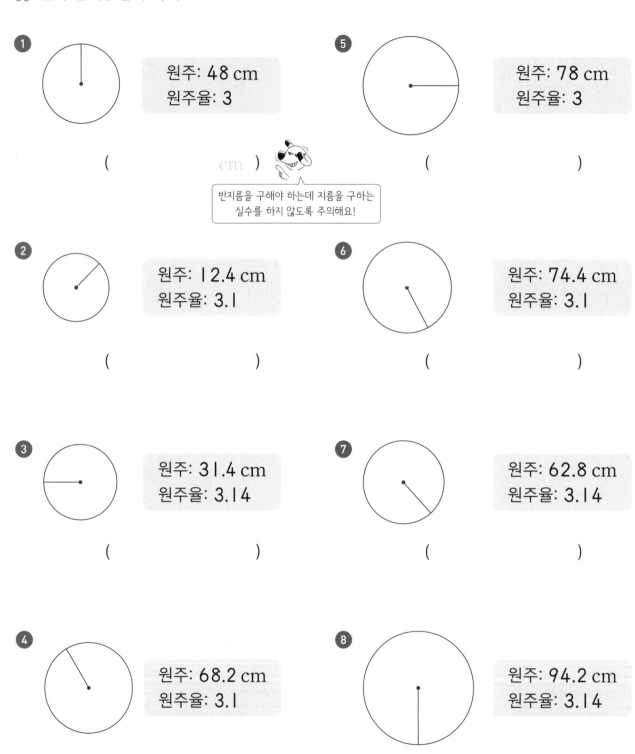

① 원주: 48 cm
원주율: 3

(cm)

반지름을 구해야 하는데 지름을 구하는
실수를 하지 않도록 주의해요!

⑤ 원주: 78 cm
원주율: 3

( )

② 원주: 12.4 cm
원주율: 3.1

( )

⑥ 원주: 74.4 cm
원주율: 3.1

( )

③ 원주: 31.4 cm
원주율: 3.14

( )

⑦ 원주: 62.8 cm
원주율: 3.14

( )

④ 원주: 68.2 cm
원주율: 3.1

( )

⑧ 원주: 94.2 cm
원주율: 3.14

( )

원의 넓이를 구하세요.

(원의 넓이)=(반지름)×(반지름)×(원주율)을
이용해서 구해 보세요.

❶
원주율: 3

$\boxed{} \times \boxed{} \times 3 = \boxed{}$ (cm²)
반지름   반지름   원주율

❺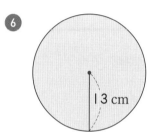
10 cm
원주율: 3.14

$\boxed{} \times \boxed{} \times 3.14 = \boxed{}$ (cm²)

❷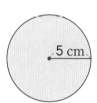
5 cm
원주율: 3.1

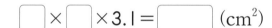
$\boxed{} \times \boxed{} \times 3.1 = \boxed{}$ (cm²)

❻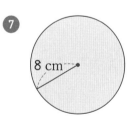
13 cm
원주율: 3

$\boxed{} \times \boxed{} \times 3 = \boxed{}$ (cm²)

❸
2 cm
원주율: 3.14

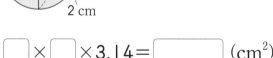
$\boxed{} \times \boxed{} \times 3.14 = \boxed{}$ (cm²)

❼ 8 cm
원주율: 3.1

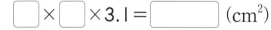
$\boxed{} \times \boxed{} \times 3.1 = \boxed{}$ (cm²)

❹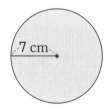
7 cm
원주율: 3.1

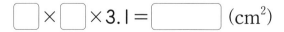
$\boxed{} \times \boxed{} \times 3.1 = \boxed{}$ (cm²)

❽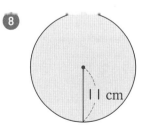
11 cm
원주율: 3.14

$\boxed{} \times \boxed{} \times 3.14 = \boxed{}$ (cm²)

목표 시간
4분

✿ 원의 넓이를 구하세요.

원의 넓이는 반지름을
2번 곱하고 원주율을 곱해요!
줄임말로 '반반율'로 외워 봐요~

1

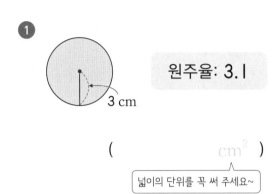

3 cm

원주율: 3.1

(cm²)

넓이의 단위를 꼭 써 주세요~

2

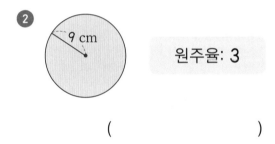

9 cm

원주율: 3

(   )

3

6 cm

원주율: 3.14

(   )

4

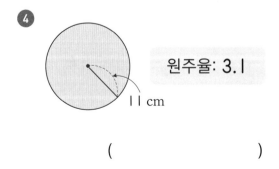

11 cm

원주율: 3.1

(   )

5

14 cm

원주율: 3

(   )

6

12 cm

원주율: 3.1

(   )

친구들이 자주 틀리는 문제! **앗! 실수**

7

15 cm

원주율: 3.14

(   )

8

25 cm

원주율: 3.14

(   )

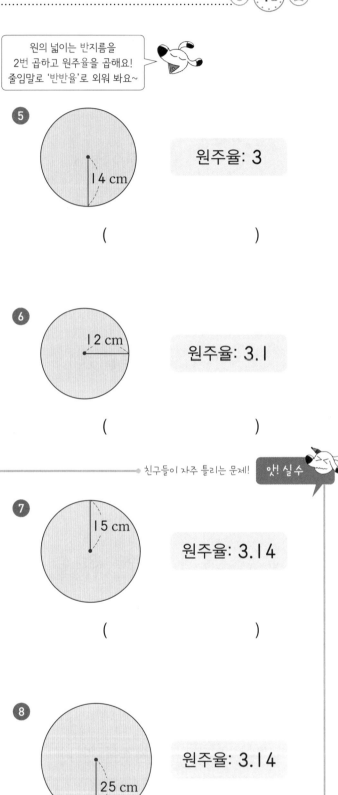

57 원의 넓이를 구하려면 반지름을 구하는 게 먼저!

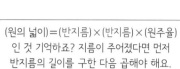
(원의 넓이)=(반지름)×(반지름)×(원주율)
인 것 기억하죠? 지름이 주어졌다면 먼저
반지름의 길이를 구한 다음 곱해야 해요.

❀ 원의 넓이를 구하세요.

1

6 cm

원주율: 3.1

반지름 반지름 원주율
3 × 3 × 3.1 = [   ] (cm²)

반지름의 길이는 지름의
반인 6÷2=3 (cm)예요.

5
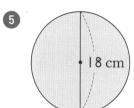
18 cm

원주율: 3

[ ] × [ ] × 3 = [   ] (cm²)

2

4 cm

원주율: 3.14

[ ] × [ ] × 3.14 = [   ] (cm²)
4÷2   4÷2

6
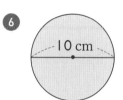
10 cm

원주율: 3.14

[ ] × [ ] × 3.14 = [   ] (cm²)

3
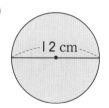
12 cm

원주율: 3

[ ] × [ ] × 3 = [   ] (cm²)

7
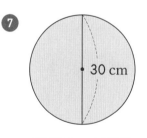
30 cm

원주율: 3.1

[ ] × [ ] × 3.1 = [   ] (cm²)

4
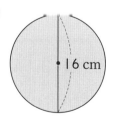
16 cm

원주율: 3.1

[ ] × [ ] × 3.1 = [   ] (cm²)

0
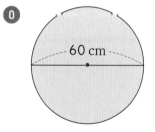
60 cm

원주율: 3.14

[ ] × [ ] × 3.14 = [   ] (cm²)

원의 넓이를 구할 때 자주 하는 실수는 반지름을 구하지 않고 지름을 바로 곱하여 계산하는 경우입니다. 원의 넓이를 구하는 공식은 꼭 완벽하게 외우도록 하세요.

목표 시간
4분

✂ 원의 넓이를 구하세요.

원의 넓이를 구하려면 지름이 아니라 반지름을 2번 곱하고 원주율을 곱해야 해요!

1
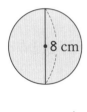
2 cm

원주율: 3.14

(cm²)

5
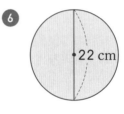
24 cm

원주율: 3

(   )

2
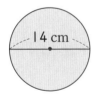
8 cm

원주율: 3.1

(   )

6
22 cm

원주율: 3.1

(   )

친구들이 자주 틀리는 문제! 앗! 실수

3
14 cm

원주율: 3

(   )

7
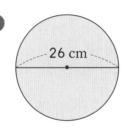
26 cm

원주율: 3.14

(   )

4
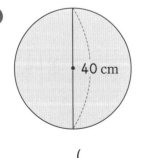
40 cm

원주율: 3.14

(   )

8
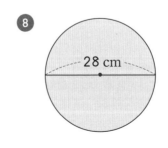
28 cm

원주율: 3.14

(   )

색칠한 부분의 넓이를 구하세요.

색칠한 부분을 모으면 어떤 도형이 될까요?

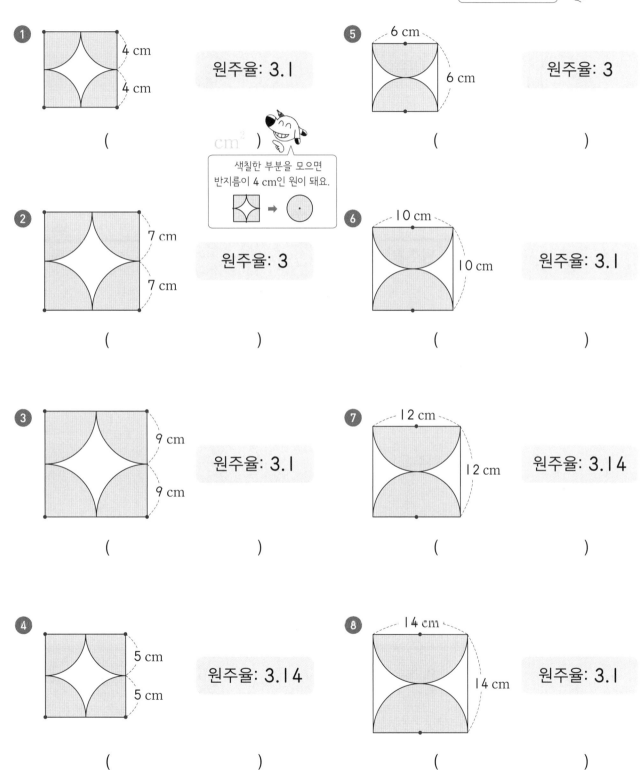

1

4 cm
4 cm

원주율: 3.1

(cm²)

색칠한 부분을 모으면
반지름이 4 cm인 원이 돼요.

2

7 cm
7 cm

원주율: 3

(   )

3

9 cm
9 cm

원주율: 3.1

(   )

4

5 cm
5 cm

원주율: 3.14

(   )

5

6 cm
6 cm

원주율: 3

(   )

6

10 cm
10 cm

원주율: 3.1

(   )

7

12 cm
12 cm

원주율: 3.14

(   )

8

14 cm
14 cm

원주율: 3.1

(   )

❀ 색칠한 부분의 넓이를 구하세요.

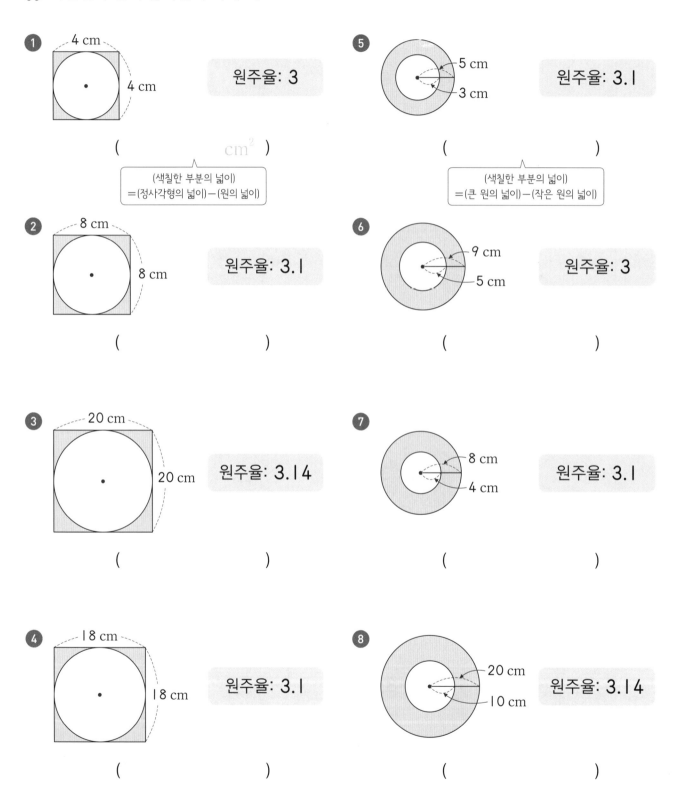

1
4 cm
4 cm
원주율: 3

(cm²)

(색칠한 부분의 넓이)
=(정사각형의 넓이)−(원의 넓이)

5
5 cm
3 cm
원주율: 3.1

(   )

(색칠한 부분의 넓이)
=(큰 원의 넓이)−(작은 원의 넓이)

2
8 cm
8 cm
원주율: 3.1

(   )

6
9 cm
5 cm
원주율: 3

(   )

3
20 cm
20 cm
원주율: 3.14

(   )

7
8 cm
4 cm
원주율: 3.1

(   )

4
18 cm
18 cm
원주율: 3.1

(   )

8
20 cm
10 cm
원주율: 3.14

(   )

59 원의 넓이 완벽하게 끝내기

목표 시간
3분

😊 빈칸에 알맞은 수를 써넣으세요.

> 여기까지 오다니 정말 대단해요!
> 원의 넓이 마당을 복습하면서
> 완벽하게 마무리해요!

	원주율	반지름(cm)	지름(cm)	원주(cm)
❶	3	4		
❷	3.1	3		
❸	3.14	20		
❹	3.1	9		
❺	3	17		
❻	3.1			49.6
❼	3.14			43.96
❽	3.1			86.8
❾	3.14			50.24

> 원주는 지름과 원주율의 곱!
> 지름을 먼저 구해요~

목표 시간 4분

빈칸에 알맞은 수를 써넣으세요.

원의 넓이를 구하려면 반지름이
필요하다는 것 꼭 기억해요~

	원주율	지름(cm)	반지름(cm)	원의 넓이(cm²)
❶	3.1	12		
❷	3	22		
❸	3.14	8		
❹	3.1	18		
❺	3.14	14		
❻	3	30		
❼	3.14	16		
❽	3.1	32		
❾	3.14	24		

60 생활 속 연산 — 원의 넓이

� 그림을 보고 ☐ 안에 알맞은 수를 써넣으세요.

1

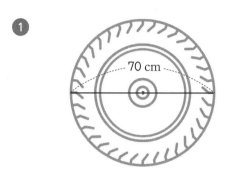

70 cm

지름이 70 cm인 원 모양의 타이어를 한 바퀴 굴렸습니다. 원주율이 3.14일 때 타이어가 굴러간 거리는

☐ cm입니다.

2

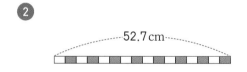

52.7 cm

길이가 52.7 cm인 종이 띠를 겹치지 않게 붙여서 원을 만들었습니다. 원주율이 3.1일 때 만든 원의 지름은 ☐ cm입니다.

3

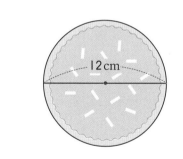

12 cm

윤서가 지름이 12 cm인 원 모양의 파전을 만들었습니다. 원주율이 3.14일 때 파전의 넓이는

☐ cm²입니다.

4

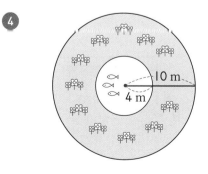

10 m
4 m

원 모양의 꽃밭과 연못이 있습니다. 원주율이 3.1일 때 꽃밭의 넓이는 ☐ m²입니다.

135

원 모양 피자의 원주 또는 넓이를 계산하면 배달해야 할 집을 찾을 수 있습니다. 원주율이 3.1일 때 피자와 배달해야 할 집을 선으로 이어 보세요.

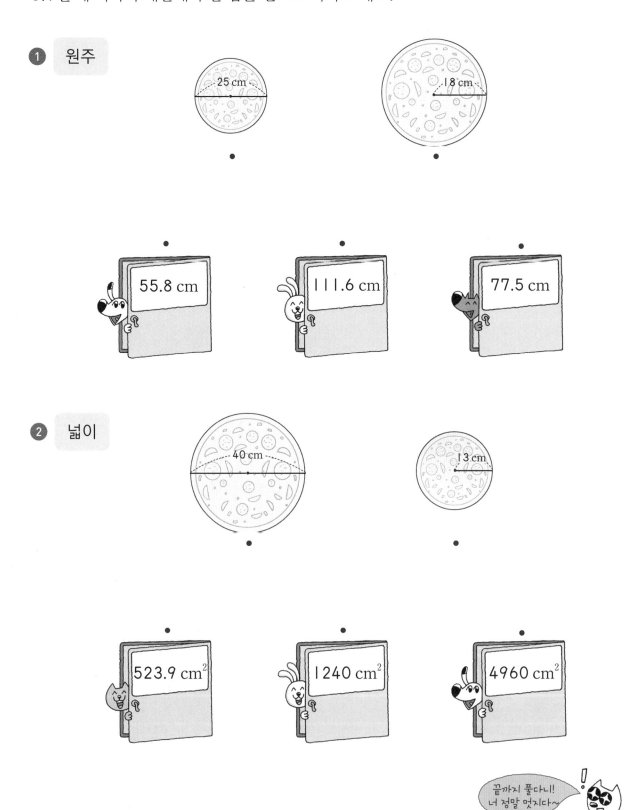

① 원주

② 넓이

바쁜
6학년을
위한

빠른
교과서
연산

6-2 정답

스마트폰으로도 정답을 확인할 수 있어요!

맨날
노는데
수학 잘하는 너!
도대체 비결이
뭐야?

① 정답을 확인한 후 틀린 문제는 ☆표를 쳐 놓으세요~

② 그런 다음 연습장에 틀린 문제를 옮겨 적으세요.

③ 그리고 그 문제들만 한 번 더 풀어 보세요.

시간은 얼마 걸리지 않아요. 그러나 이때 실력이 확 붙는 거예요.

아는 문제를 여러 번 다시 푸는 건 시간 낭비예요.

틀린 문제만 모아서 풀면 아무리 바쁘더라도

이번 학기 수학은 걱정 없어요!

비결은
간단해!

정답 ➔　　　맞은 문제는 아주 크게 ○를, 틀린 문제는 작게 ☆ 표시해 주세요. 자신감이 쑤욱~ 높아집니다.

첫째 마당 · 분수의 나눗셈

01단계 ▶▶ 11쪽

① 3　② 4　③ 5　④ 4　⑤ 7
⑥ 8　⑦ 9　⑧ 6　⑨ 11　⑩ 10
⑪ 13　⑫ 2

01단계 ▶▶ 12쪽

① 3　② 6　③ 5　④ 4　⑤ 7
⑥ 10　⑦ 7　⑧ 12　⑨ 9　⑩ 11
⑪ 15　⑫ 14

02단계 ▶▶ 13쪽

① 2　② 3, 2　③ 4　④ 3　⑤ 2
⑥ 4　⑦ 2　⑧ 6　⑨ 4　⑩ 2
⑪ 3　⑫ 6

02단계 ▶▶ 14쪽

① 2, 3　② 2　③ 5　④ 2　⑤ 3
⑥ 5　⑦ 2　⑧ 7　⑨ 4　⑩ 2
⑪ 4　⑫ 3

03단계 ▶▶ 15쪽

① 2　② 5, 5　③ 3　④ $\frac{5}{8}$
⑤ $\frac{7}{9}$　⑥ $\frac{3}{10}$　⑦ $\frac{5}{7}$　⑧ $\frac{4}{9}$
⑨ $\frac{9}{13}$　⑩ $\frac{7}{11}$　⑪ $\frac{8}{15}$　⑫ $\frac{13}{17}$

03단계 ▶▶ 16쪽

① 5　② $\frac{3}{5}$　③ $\frac{4}{7}$　④ $\frac{7}{9}$
⑤ $\frac{5}{11}$　⑥ $\frac{9}{10}$　⑦ $\frac{5}{13}$　⑧ $\frac{7}{11}$
⑨ $\frac{9}{14}$　⑩ $\frac{11}{15}$　⑪ $\frac{13}{18}$　⑫ $\frac{16}{19}$

04단계 ▶▶ 17쪽

① 2, 2, $1\frac{1}{2}$　② 5, $1\frac{1}{4}$　③ $2\frac{1}{3}$　④ $1\frac{3}{5}$
⑤ $1\frac{2}{7}$　⑥ $3\frac{1}{3}$　⑦ $2\frac{1}{5}$　⑧ $4\frac{1}{2}$
⑨ $1\frac{4}{9}$　⑩ $1\frac{3}{8}$　⑪ $2\frac{1}{7}$　⑫ $1\frac{2}{13}$

04단계 ▶▶ 18쪽

① 4, $1\frac{1}{3}$　② $1\frac{2}{5}$　③ $2\frac{1}{2}$　④ $4\frac{1}{2}$
⑤ $1\frac{4}{7}$　⑥ $2\frac{2}{3}$　⑦ $1\frac{4}{5}$　⑧ $3\frac{1}{4}$
⑨ $1\frac{4}{11}$　⑩ $3\frac{1}{3}$　⑪ $2\frac{1}{5}$　⑫ $1\frac{7}{9}$

05단계 ▶▶ 19쪽

① 2, 1, 2　② 4, 4　③ 6　④ 9
⑤ 3　⑥ 2　⑦ 8　⑧ 3
⑨ 2　⑩ 6　⑪ 3　⑫ 4

05단계 ▶▶ 20쪽

① 2, 2　② 3　③ 8　④ 2
⑤ 6　⑥ 3　⑦ 8　⑧ 5
⑨ 8　⑩ 10　⑪ 3　⑫ 3

06단계 ▶▶ 21쪽

① 3, 3, 3　② 4, 4　③ $\dfrac{9}{20}$　④ $\dfrac{8}{21}$

⑤ $\dfrac{20}{21}$　⑥ $\dfrac{20}{27}$　⑦ $\dfrac{16}{35}$　⑧ $\dfrac{25}{32}$

⑨ $\dfrac{28}{45}$　⑩ $\dfrac{32}{33}$　⑪ $\dfrac{35}{36}$　⑫ $\dfrac{32}{39}$

06단계 ▶▶ 22쪽

① 5, 5　② $\dfrac{7}{12}$　③ $\dfrac{9}{10}$　④ $\dfrac{16}{21}$

⑤ $\dfrac{9}{20}$　⑥ $\dfrac{15}{44}$　⑦ $\dfrac{5}{14}$　⑧ $\dfrac{14}{15}$

⑨ $\dfrac{11}{24}$　⑩ $\dfrac{2}{3}$　⑪ $\dfrac{8}{11}$　⑫ $\dfrac{3}{5}$

07단계 ▶▶ 23쪽

① 9, 4, 9, 4, 9, $2\dfrac{1}{4}$　② 9, 9, $2\dfrac{1}{4}$

③ $3\dfrac{1}{3}$　④ $2\dfrac{11}{12}$　⑤ $1\dfrac{13}{14}$　⑥ $1\dfrac{5}{16}$

⑦ $1\dfrac{13}{15}$　⑧ $2\dfrac{2}{15}$　⑨ $1\dfrac{4}{21}$　⑩ $1\dfrac{11}{45}$

⑪ $1\dfrac{7}{33}$　⑫ $2\dfrac{7}{24}$

07단계 ▶▶ 24쪽

① 16, 16, $1\dfrac{1}{15}$　② $1\dfrac{7}{20}$　③ $1\dfrac{5}{16}$

④ $1\dfrac{13}{35}$　⑤ $3\dfrac{1}{18}$　⑥ $3\dfrac{3}{4}$　⑦ $1\dfrac{4}{5}$

⑧ $1\dfrac{1}{3}$　⑨ $1\dfrac{3}{4}$　⑩ $1\dfrac{3}{8}$　⑪ $1\dfrac{2}{25}$

⑫ $2\dfrac{1}{7}$

08단계 ▶▶ 25쪽

① 3, 6　② 3, 4, 8　③ 15　④ 45

⑤ 22　⑥ 20　⑦ 27　⑧ 28

⑨ 21　⑩ 30　⑪ 56

08단계 ▶▶ 26쪽

① 4, 5, 5　② 15　③ 14　④ 12

⑤ 21　⑥ 22　⑦ 20　⑧ 24

⑨ 30　⑩ 25　⑪ 16　⑫ 25

09단계 ▶▶ 27쪽

① 5, 5　② $\dfrac{5}{12}$　③ $\dfrac{8}{15}$　④ $\dfrac{12}{35}$

⑤ $\dfrac{9}{16}$　⑥ $\dfrac{28}{45}$　⑦ 2　⑧ $\dfrac{3}{5}$

⑨ $3\dfrac{3}{4}$　⑩ $5\dfrac{5}{6}$　⑪ $3\dfrac{3}{8}$

09단계 ▶▶ 28쪽

① 5, 10, $1\dfrac{1}{9}$　② $1\dfrac{11}{16}$　③ $5\dfrac{3}{5}$

④ $1\dfrac{7}{18}$　⑤ $1\dfrac{13}{35}$　⑥ $2\dfrac{3}{16}$　⑦ $2\dfrac{26}{27}$

⑧ $1\dfrac{7}{20}$　⑨ $2\dfrac{8}{11}$　⑩ $2\dfrac{1}{24}$　⑪ $1\dfrac{1}{39}$

⑫ $1\dfrac{5}{28}$

10단계 ▶▶ 29쪽

① 4　② 8, 6, $1\dfrac{1}{5}$　③ $\dfrac{7}{10}$　④ $\dfrac{11}{12}$

⑤ $\dfrac{9}{14}$　⑥ $2\dfrac{1}{12}$　⑦ $\dfrac{1}{3}$　⑧ $1\dfrac{3}{25}$

⑨ $\frac{9}{22}$　　⑩ $1\frac{7}{8}$　　⑪ $\frac{2}{3}$　　⑫ $1\frac{7}{8}$

10단계 ▶▶ 30쪽

① $9, 4\frac{1}{2}$　　② $\frac{7}{10}$　　③ $1\frac{3}{7}$　　④ $\frac{5}{14}$

⑤ $1\frac{17}{27}$　　⑥ $1\frac{1}{2}$　　⑦ $\frac{5}{6}$　　⑧ $2\frac{1}{7}$

⑨ $1\frac{3}{4}$　　⑩ $\frac{1}{6}$　　⑪ $\frac{9}{25}$　　⑫ $1\frac{7}{18}$

11단계 ▶▶ 31쪽

① $\frac{15}{16}$　　② $\frac{7}{30}$　　③ $\frac{18}{25}$　　④ $\frac{4}{7}$

⑤ $\frac{7}{18}$　　⑥ $\frac{1}{2}$　　⑦ $1\frac{3}{4}$　　⑧ $\frac{10}{11}$

⑨ $\frac{7}{10}$　　⑩ $\frac{1}{4}$　　⑪ $\frac{9}{10}$　　⑫ $1\frac{1}{6}$

11단계 ▶▶ 32쪽

① $\frac{9}{16}$　　② $\frac{25}{36}$　　③ $2\frac{2}{5}$　　④ $\frac{13}{18}$

⑤ $1\frac{1}{3}$　　⑥ $\frac{4}{5}$　　⑦ $1\frac{1}{27}$　　⑧ $\frac{6}{7}$

⑨ $\frac{3}{4}$　　⑩ $\frac{2}{9}$　　⑪ $1\frac{1}{5}$　　⑫ $\frac{7}{8}$

12단계 ▶▶ 33쪽

① $3, 15, 7\frac{1}{2}$　　② $3\frac{3}{4}$　　③ $4\frac{2}{3}$

④ $9\frac{3}{5}$　　⑤ $3\frac{6}{7}$　　⑥ $6\frac{2}{3}$　　⑦ $5\frac{1}{3}$

⑧ $7\frac{1}{5}$　　⑨ $8\frac{1}{4}$　　⑩ $9\frac{3}{5}$　　⑪ $7\frac{7}{9}$

⑫ $12\frac{6}{7}$

12단계 ▶▶ 34쪽

① $5, 5, 2\frac{1}{2}$　　② $3\frac{1}{2}$　　③ $5\frac{1}{2}$

④ $6\frac{1}{2}$　　⑤ $4\frac{2}{3}$　　⑥ $12\frac{1}{2}$　　⑦ $8\frac{1}{2}$

⑧ $6\frac{1}{3}$　　⑨ $3\frac{1}{7}$　　⑩ $3\frac{5}{6}$　　⑪ $4\frac{2}{7}$

⑫ $17\frac{1}{3}$

13단계 ▶▶ 35쪽

① $15, 3\frac{3}{4}$　　② $6\frac{2}{3}$　　③ $2\frac{5}{8}$　　④ $2\frac{22}{25}$

⑤ $3\frac{1}{18}$　　⑥ $2\frac{2}{35}$　　⑦ $4\frac{7}{8}$　　⑧ $1\frac{37}{40}$

⑨ $2\frac{14}{33}$　　⑩ $1\frac{23}{27}$　　⑪ $2\frac{4}{25}$　　⑫ $1\frac{15}{49}$

13단계 ▶▶ 36쪽

① $10, 3\frac{1}{3}$　　② $1\frac{1}{2}$　　③ $5\frac{1}{4}$　　④ $1\frac{5}{7}$

⑤ $5\frac{1}{5}$　　⑥ $2\frac{2}{9}$　　⑦ $1\frac{5}{6}$　　⑧ $2\frac{1}{3}$

⑨ $2\frac{2}{5}$　　⑩ $2\frac{2}{3}$　　⑪ $2\frac{4}{13}$　　⑫ $1\frac{1}{2}$

14단계 ▶▶ 37쪽

① $9, 2\frac{1}{4}$　　② $10, 4, 40, 4\frac{4}{9}$　　③ $3\frac{17}{20}$

④ $2\frac{4}{25}$　　⑤ $3\frac{11}{18}$　　⑥ $3\frac{17}{21}$　　⑦ $7\frac{7}{8}$

⑧ $3\frac{9}{10}$　　⑨ $3\frac{7}{16}$　　⑩ $4\frac{4}{9}$　　⑪ $3\frac{29}{30}$

⑫ $2\frac{6}{77}$

14단계 ▶▶ 38쪽

① $5\frac{5}{6}$　②$2\frac{1}{12}$　③$4\frac{7}{8}$　④$3\frac{13}{25}$

⑤$2\frac{1}{24}$　⑥$21\frac{3}{7}$　⑦$1\frac{27}{50}$　⑧$5\frac{1}{16}$

⑨$3\frac{3}{14}$　⑩$3\frac{11}{18}$　⑪$1\frac{29}{36}$　⑫$3\frac{1}{33}$

15단계 ▶▶ 39쪽

① 2　②$14, 5, 35, 11\frac{2}{3}$　③$7\frac{1}{2}$

④$6\frac{2}{3}$　⑤$8\frac{2}{5}$　⑥$6$　⑦$1\frac{3}{4}$

⑧$3\frac{1}{7}$　⑨$2\frac{1}{2}$　⑩$5\frac{1}{3}$　⑪$1\frac{9}{11}$

⑫$3\frac{3}{4}$

15단계 ▶▶ 40쪽

① $7, 6, 21, 4\frac{1}{5}$　②$9\frac{1}{3}$　③$3\frac{3}{5}$

④$2\frac{4}{9}$　⑤$5\frac{1}{7}$　⑥$5\frac{7}{9}$　⑦$3\frac{3}{4}$

⑧$6\frac{1}{4}$　⑨$6$　⑩10　⑪$2\frac{2}{21}$

16단계 ▶▶ 41쪽

① $4\frac{3}{8}$　②$4\frac{2}{3}$　③$6$　④$8$

⑤$2\frac{11}{14}$　⑥$9\frac{3}{7}$　⑦$1\frac{5}{11}$　⑧$2\frac{1}{4}$

⑨$10\frac{2}{3}$　⑩$3\frac{1}{2}$　⑪$2\frac{1}{2}$　⑫$1\frac{1}{2}$

16단계 ▶▶ 42쪽

① 4　②$3\frac{3}{4}$　③$4\frac{2}{7}$　④$6\frac{1}{8}$

⑤$8\frac{1}{3}$　⑥$3\frac{1}{6}$　⑦$2\frac{7}{9}$　⑧$3\frac{2}{11}$

⑨$4$　⑩3　⑪$2\frac{17}{20}$

17단계 ▶▶ 43쪽

① 4　②$2\frac{1}{4}$　③$14$　④$9\frac{1}{3}$

⑤$1\frac{1}{17}$　⑥$2\frac{1}{2}$　⑦$12$　⑧$7\frac{1}{2}$

⑨$5\frac{1}{7}$　⑩49　⑪$1\frac{7}{10}$　⑫$2\frac{2}{3}$

17단계 ▶▶ 44쪽

①
÷		
$\frac{12}{13}$	$\frac{6}{13}$	2
$\frac{5}{13}$		
$2\frac{2}{5}$		

④
÷		
$\frac{14}{9}$	$\frac{7}{18}$	4
$\frac{2}{3}$		
$2\frac{1}{3}$		

②
÷		
$\frac{16}{21}$	$\frac{2}{7}$	$2\frac{2}{3}$
$\frac{8}{9}$		
$\frac{6}{7}$		

⑤
÷		
$4\frac{1}{8}$	$\frac{3}{4}$	$5\frac{1}{2}$
$\frac{11}{12}$		
$4\frac{1}{2}$		

③
÷		
12	$\frac{3}{8}$	32
$\frac{6}{7}$		
14		

141

18단계 ▶▶45쪽

① 3　　　② 6　　　③ 9600　　　④ 10

18단계 ▶▶46쪽

① $\frac{1}{2}$　　　② 20　　　③ $2\frac{1}{7}$　　　④ $\frac{7}{10}$

둘째 마당 · 소수의 나눗셈

19단계 ▶▶49쪽

①
8.7 ÷ 0.3
[10배]　　　[10배]
$\boxed{87} ÷ \boxed{3} = \boxed{29}$
➡ 8.7 ÷ 0.3 = $\boxed{29}$

②
34.4 ÷ 0.8
[10배]　　　$\boxed{10}$배
$\boxed{344} ÷ \boxed{8} = \boxed{43}$
➡ 34.4 ÷ 0.8 = $\boxed{43}$

③
57.2 ÷ 2.6
[10배]　　　$\boxed{10}$배
$\boxed{572} ÷ \boxed{26} = \boxed{22}$
➡ 57.2 ÷ 2.6 = $\boxed{22}$

④
65.8 ÷ 4.7
[10배]　　　$\boxed{10}$배
$\boxed{658} ÷ \boxed{47} = \boxed{14}$
➡ 65.8 ÷ 4.7 = $\boxed{14}$

⑤
0.72 ÷ 0.12
[100배]　　　[100배]
$\boxed{72} ÷ \boxed{12} = \boxed{6}$
➡ 0.72 ÷ 0.12 = $\boxed{6}$

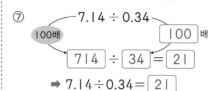

⑥
4.86 ÷ 0.06
[100배]　　　$\boxed{100}$배
$\boxed{486} ÷ \boxed{6} = \boxed{81}$
➡ 4.86 ÷ 0.06 = $\boxed{81}$

⑦
7.14 ÷ 0.34
[100배]　　　$\boxed{100}$배
$\boxed{714} ÷ \boxed{34} = \boxed{21}$
➡ 7.14 ÷ 0.34 = $\boxed{21}$

⑧
12.72 ÷ 0.53
[100배]　　　$\boxed{100}$배
$\boxed{1272} ÷ \boxed{53} = \boxed{24}$
➡ 12.72 ÷ 0.53 = $\boxed{24}$

19단계 ▶▶50쪽

① 78　　② 12　　③ 94　　④ 6　　⑤ 13
⑥ 42　　⑦ 38　　⑧ 29　　⑨ 20　　⑩ 40

20단계 ▶▶51쪽

① 4, 13　　　　　　② 32, 224, 32, 7
③ 15, 360, 15, 24　　④ 8, 39
⑤ 37, 148, 37, 4　　⑥ 68, 1564, 68, 23
⑦ 6000, 375, 6000, 375, 16

20단계 ▶▶52쪽

① 357, 17, 357, 17, 21
② 285, 19, 285, 19, 15
③ 450, 75, 450, 75, 6
④ 예 $\frac{624}{10} ÷ \frac{24}{10} = 624 ÷ 24 = 26$
⑤ 예 $\frac{581}{100} ÷ \frac{83}{100} = 581 ÷ 83 = 7$
⑥ 예 $\frac{1368}{100} ÷ \frac{57}{100} = 1368 ÷ 57 = 24$

⑦ 예 $\dfrac{5100}{100} \div \dfrac{425}{100} = 5100 \div 425 = 12$

⑪ 56　　⑫ 43

24단계 ▶▶ 59쪽

① 7　　② 8　　③ 34　　④ 25　　⑤ 13
⑥ 18　　⑦ 31　　⑧ 27　　⑨ 34　　⑩ 26
⑪ 46　　⑫ 44

21단계 ▶▶ 53쪽

① 8　　② 14　　③ 19　　④ 13　　⑤ 17
⑥ 15　　⑦ 23　　⑧ 18　　⑨ 9　　⑩ 9
⑪ 6　　⑫ 5

24단계 ▶▶ 60쪽

① 8　　② 7　　③ 3　　④ 26　　⑤ 27
⑥ 18　　⑦ 35　　⑧ 51　　⑨ 32　　⑩ 23
⑪ 12

21단계 ▶▶ 54쪽

① 34　　② 18　　③ 23　　④ 25　　⑤ 3
⑥ 6　　⑦ 8　　⑧ 9　　⑨ 13　　⑩ 15
⑪ 7　　⑫ 8

25단계 ▶▶ 61쪽

① 2.7　　② 2.9　　③ 5.6　　④ 4.5
⑤ 2.3　　⑥ 3.8　　⑦ 2.6　　⑧ 4.9
⑨ 2.5　　⑩ 4.2　　⑪ 5.7　　⑫ 3.8

22단계 ▶▶ 55쪽

① 27　　② 14　　③ 16　　④ 23　　⑤ 8
⑥ 9　　⑦ 7　　⑧ 8　　⑨ 6　　⑩ 4
⑪ 6　　⑫ 8

25단계 ▶▶ 62쪽

① 6.3　　② 7.9　　③ 1.4　　④ 2.3
⑤ 5.3　　⑥ 4.6　　⑦ 3.8　　⑧ 2.8
⑨ 4.7　　⑩ 6.2　　⑪ 0.9　　⑫ 0.6

22단계 ▶▶ 56쪽

① 38　　② 19　　③ 27　　④ 17　　⑤ 19
⑥ 11　　⑦ 12　　⑧ 8　　⑨ 4　　⑩ 9
⑪ 7

26단계 ▶▶ 63쪽

① 6.2　　② 3.4　　③ 3.7　　④ 1.9
⑤ 3.5　　⑥ 1.8　　⑦ 4.2　　⑧ 5.3
⑨ 3.9　　⑩ 2.6　　⑪ 5.6

23단계 ▶▶ 57쪽

① 5　　② 6　　③ 4　　④ 8　　⑤ 7
⑥ 9　　⑦ 4　　⑧ 6　　⑨ 32　　⑩ 47
⑪ 29　　⑫ 24

23단계 ▶▶ 58쪽

① 9　　② 7　　③ 8　　④ 5　　⑤ 26
⑥ 68　　⑦ 46　　⑧ 22　　⑨ 32　　⑩ 36

26단계 ▶▶ 64쪽

① 4.6　　② 2.9　　③ 1.9　　④ 1.7
⑤ 2.3　　⑥ 4.6　　⑦ 2.4　　⑧ 3.5

⑨ 4.7　　⑩ 0.8　　⑪ 0.9

⑪ 60

27단계 ▶▶65쪽

① 8.3　　② 2.4　　③ 3.9　　④ 4.6
⑤ 3.4　　⑥ 2.5　　⑦ 7.2　　⑧ 1.4
⑨ 9.3　　⑩ 2.8　　⑪ 6.4　　⑫ 3.9

27단계 ▶▶66쪽

① 7.2　　② 3.6　　③ 7.3　　④ 6.7
⑤ 8.4　　⑥ 5.8　　⑦ 6.9　　⑧ 4.6
⑨ 5.4　　⑩ 5.3　　⑪ 0.9　　⑫ 0.8

28단계 ▶▶67쪽

① 14　　② 5　　③ 15　　④ 38　　⑤ 45
⑥ 15　　⑦ 25　　⑧ 14　　⑨ 26　　⑩ 25
⑪ 35　　⑫ 28

28단계 ▶▶68쪽

① 25　　② 12　　③ 45　　④ 35　　⑤ 15
⑥ 25　　⑦ 26　　⑧ 15　　⑨ 34　　⑩ 35
⑪ 40　　⑫ 60

29단계 ▶▶69쪽

① 35　　② 15　　③ 25　　④ 26　　⑤ 15
⑥ 15　　⑦ 44　　⑧ 35　　⑨ 35　　⑩ 45
⑪ 40　　⑫ 30

29단계 ▶▶70쪽

① 5　　② 6　　③ 15　　④ 16　　⑤ 25
⑥ 15　　⑦ 35　　⑧ 24　　⑨ 25　　⑩ 40

30단계 ▶▶71쪽

① 8　　② 4　　③ 25　　④ 4　　⑤ 12
⑥ 16　　⑦ 25　　⑧ 12　　⑨ 8　　⑩ 8
⑪ 12　　⑫ 16

30단계 ▶▶72쪽

① 25　　② 8　　③ 16　　④ 25　　⑤ 25
⑥ 16　　⑦ 12　　⑧ 24　　⑨ 12　　⑩ 8
⑪ 50　　⑫ 40

31단계 ▶▶73쪽

① 75　　② 75　　③ 25　　④ 24　　⑤ 4
⑥ 8　　⑦ 25　　⑧ 12　　⑨ 75　　⑩ 25
⑪ 20　　⑫ 40

31단계 ▶▶74쪽

① 8　　② 16　　③ 25　　④ 12　　⑤ 24
⑥ 36　　⑦ 8　　⑧ 32　　⑨ 25　　⑩ 50
⑪ 60

32단계 ▶▶75쪽

① 23　　② 14　　③ 9　　④ 16　　⑤ 16
⑥ 1.5　　⑦ 4.2　　⑧ 3.7　　⑨ 45　　⑩ 14
⑪ 25　　⑫ 24

32단계 ▶▶76쪽

① 9, 13　　② 14, 29　　③ 1.6, 2.5
④ 15, 25　　⑤ 4, 12

33단계 ▶▶ 77쪽

① 3.7   ② 3.3   ③ 4.6   ④ 1.8

⑤ 1.5   ⑥ 6.5

33단계 ▶▶ 78쪽

① 2.2   ② 4.6   ③ 3.8   ④ 3.5

⑤ 2.5   ⑥ 7.8

34단계 ▶▶ 79쪽

① 3.33   ② 1.17   ③ 4.29   ④ 2.39

⑤ 2.15   ⑥ 6.29

34단계 ▶▶ 80쪽

① 1.86   ② 3.17   ③ 0.45   ④ 4.47

⑤ 2.54   ⑥ 4.77

35단계 ▶▶ 81쪽

① 5 / 5.2 / 5.17   ② 3 / 3.1 / 3.07

③ 8 / 7.7 / 7.74

35단계 ▶▶ 82쪽

① 2   ② 0.4   ③ 2.23   ④ 3

⑤ 7.6   ⑥ 4.67   ⑦ 2.8   ⑧ 3.97

36단계 ▶▶ 83쪽

① 3 / 1.5   ② 3 / 2.3   ③ 4 / 3.2

④ 9 / 1.7   ⑤ 6 / 2.6   ⑥ 7 / 1.5

⑦ 7 / 1.2   ⑧ 5 / 6.4   ⑨ 7 / 7.1

36단계 ▶▶ 84쪽

① 11 / 1.1   ② 13 / 2.4   ③ 14 / 1.8

④ 12 / 3.2   ⑤ 15 / 3.5   ⑥ 12 / 1.9

⑦ 11 / 4.7   ⑧ 3 / 0.6   ⑨ 5 / 0.3

37단계 ▶▶ 85쪽

① 4 / 2.2   ② 5 / 3.7   ③ 8 / 1.5

④ 7 / 2.8   ⑤ 8 / 5.9   ⑥ 10 / 1.3

⑦ 18 / 2.6   ⑧ 14 / 0.4   ⑨ 10 / 4.6

37단계 ▶▶ 86쪽

① 6 / 1.7   ② 12 / 2.5   ③ 8 / 1.2

④ 10 / 2.4   ⑤ 28 / 1.3   ⑥ 9 / 5.1

⑦ 11 / 1.7   ⑧ 10 / 0.4

38단계 ▶▶ 87쪽

① 37   ② 29   ③ 8   ④ 12

⑤ 18   ⑥ 3.6   ⑦ 4.3   ⑧ 5.9

⑨ 15   ⑩ 5   ⑪ 28   ⑫ 75

38단계 ▶▶ 88쪽

① 4, 6   ② 7.7, 18.2   ③ 8.26, 5.92

④ 0.5, 4.6   ⑤ 3.52, 4.37

39단계 ▶▶ 89쪽

① 12   ② 115.7   ③ 1.8   ④ 7, 1.5

39단계 ▶▶90쪽

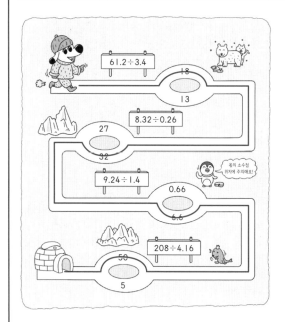

셋째 마당 · 비례식과 비례배분

40단계 ▶▶93쪽

① ×2 / 2:3 → 4:6 / ×2

② ×3 / 3:5 → 9:15 / ×3

③ ×5 / 7:4 → 35:20 / ×5

④ ×6 / 5:8 → 30:48 / ×6

⑤ ×7 / 6:5 → 42:35 / ×7

⑥ ×8 / 9:2 → 72:16 / ×8

⑦ ×9 / 3:7 → 27:63 / ×9

⑧ ×4 / 8:11 → 32:44 / ×4

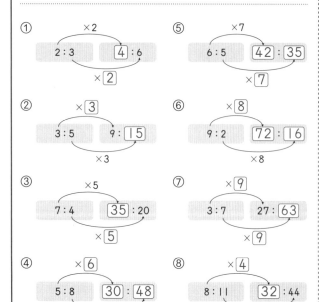

40단계 ▶▶94쪽

① 2, 6　　② 4, 20　　③ 3, 15

④ 6, 12, 42　　⑤ 7, 21, 56　　⑥ 5, 25, 30

⑦ 8, 56, 40　　⑧ 6, 6, 24　　⑨ 9, 9, 72

⑩ 5, 5, 60

41단계 ▶▶95쪽

① ÷3 / 6:9 → 2:3 / ÷3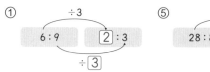

② ÷2 / 16:10 → 8:5 / ÷2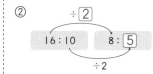

③ ÷6 / 12:30 → 2:5 / ÷6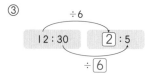

④ ÷5 / 20:15 → 4:3 / ÷5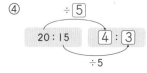

⑤ ÷4 / 28:8 → 7:2 / ÷4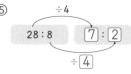

⑥ ÷7 / 14:35 → 2:5 / ÷7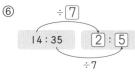

⑦ ÷8 / 40:56 → 5:7 / ÷8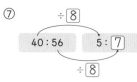

⑧ ÷9 / 36:45 → 4:5 / ÷9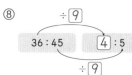

41단계 ▶▶96쪽

① 2, 9　　② 3, 5　　③ 4, 5

④ 5, 5, 9　　⑤ 7, 7, 2　　⑥ 8, 3, 5

⑦ 6, 7, 6　　⑧ 7, 7, 8　　⑨ 9, 9, 3

⑩ 8, 8, 3

42단계 ▶▶97쪽

① 4, 2　　② 6, 2　　③ 9, 5

④ 4, 4, 7　　⑤ 8, 4, 5　　⑥ 10, 2, 5

⑦ 14, 3, 1　　⑧ 22, 22, 1, 4　⑨ 12, 12, 4, 3

146

⑩ 9, 9, 7, 9

42단계 ▶▶98쪽

① 1, 3   ② 2, 1   ③ 2, 5   ④ 3, 2

⑤ 3, 4   ⑥ 2, 3   ⑦ 5, 1   ⑧ 5, 2

⑨ 2, 5   ⑩ 3, 2   ⑪ 4, 3   ⑫ 3, 5

43단계 ▶▶99쪽

① 10, 3   ② 10, 7

③ 10, 10, 38, 21

④ 10, 64, 32, 64, 32, 2, 1

⑤ 100, 7   ⑥ 100, 13

⑦ 100, 100, 144, 153

⑧ 100, 15, 15, 1, 3

43단계 ▶▶100쪽

① 15 : 8   ② 54 : 31   ③ 9 : 22

④ 104 : 97   ⑤ 16 : 13   ⑥ 32 : 45

⑦ 1 : 4   ⑧ 8 : 3   ⑨ 2 : 3

⑩ 137 : 186   ⑪ 13 : 20   ⑫ 2 : 35

44단계 ▶▶101쪽

① 6, 2   ② 20, 5

③ 30, 18, 5   ④ 21, 14, 14, 2, 7, 6

⑤ 24, 4, 3   ⑥ 20, 6, 1

⑦ 25, 5, 4   ⑧ 14, 6, 6, 3, 2, 3

44단계 ▶▶102쪽

① 3 : 2   ② 6 : 5   ③ 4 : 15

④ 5 : 9   ⑤ 16 : 7   ⑥ 9 : 8

⑦ 2 : 1   ⑧ 2 : 3   ⑨ 3 : 4

⑩ 10 : 9   ⑪ 5 : 12   ⑫ 6 : 5

45단계 ▶▶103쪽

① 5, 5, 12, 20   ② 11, 11, 14, 22, 7

③ 7, 7, 30, 70, 3, 10   ④ 21, 21, 15, 63

⑤ 15, 15, 12, 45, 26   ⑥ 9, 9, 40, 45, 8, 5

45단계 ▶▶104쪽

① 16 : 45   ② 49 : 15   ③ 21 : 52

④ 16 : 27   ⑤ 77 : 24   ⑥ 48 : 55

⑦ 1 : 4   ⑧ 3 : 1   ⑨ 4 : 7

⑩ 12 : 5   ⑪ 14 : 9   ⑫ 3 : 2

46단계 ▶▶105쪽

① 0.5, 10, 0.5, 6, 5

② 0.6, 0.6, 10, 6, 19

③ 2.8, 10, 2.8, 32, 28, 32, 28, 8, 7

④ 0.25, 100, 0.25, 12, 25

⑤ 0.35, 0.35, 100, 35, 13

⑥ 1.75, 100, 1.75, 45, 175, 45, 175, 9, 35

46단계 ▶▶106쪽

① 3, 3, 70, 21

② 16, 16, 20, 32, 15

③ 25, 25, 30, 75, 1, 3

④ 8, 8, 10, 8

⑤ 17, 4, 17, 30, 4, 51, 40

⑥ 21, 21, 21, 21, 10, 42, 21, 2, 1

정답 →

47단계 ▶ 107쪽

① 3 : 8 　　② 5 : 9 　　③ 20 : 21

④ 75 : 61 　⑤ 23 : 15 　⑥ 16 : 19

⑦ 3 : 2 　　⑧ 4 : 1 　　⑨ 5 : 9

⑩ 4 : 3 　　⑪ 7 : 11 　　⑫ 9 : 5

47단계 ▶ 108쪽

① 3 : 10 　　② 21 : 10 　③ 5 : 12

④ 25 : 32 　⑤ 27 : 14 　⑥ 125 : 136

⑦ 6 : 1 　　⑧ 15 : 13 　⑨ 7 : 8

⑩ 2 : 1 　　⑪ 1 : 2 　　⑫ 16 : 15

48단계 ▶ 109쪽

① 3, 12 　　② 15, 3 　　③ 9, 5

④ 12, 32 　⑤ 40, 56 　⑥ 14, 4

⑦ 30, 18 　⑧ 24, 20 　⑨ 64, 72

48단계 ▶ 110쪽

① 예 2 : 1 = 20 : 10 　② 예 1 : 3 = 8 : 24

③ 예 35 : 21 = 5 : 3 　④ 예 3 : 4 = 27 : 36

⑤ 예 40 : 48 = 5 : 6 　⑥ 예 15 : 35 = 3 : 7

⑦ 예 5 : 9 = 30 : 54 　⑧ 예 10 : 7 = 40 : 28

⑨ 예 4 : 11 = 16 : 44 　⑩ 예 12 : 5 = 84 : 35

49단계 ▶ 111쪽

① 15 　② 9 　③ 10 　④ 6 　⑤ 16

⑥ 3 　⑦ 35 　⑧ 14 　⑨ 18 　⑩ 9

⑪ 32

49단계 ▶ 112쪽

① 1 　② 3 　③ 13 　④ 20 　⑤ 8

⑥ 6 　⑦ 3 　⑧ 9 　⑨ 36 　⑩ 4

⑪ 15 　⑫ 27

50단계 ▶ 113쪽

① 2, 3, 2 / 1, 3, 4 　　② 1, 4, 9 / 3, 4, 3

③ 8, 10 / 8, 6 　　④ 5, 15 / 5, 10

⑤ 7, 9 / 7, 12 　　⑥ 9, 8 / 9, 28

⑦ 11, 30 / 11, 25

50단계 ▶ 114쪽

① 6, 9 　　② 12, 15 　③ 18, 24

④ 42, 12 　⑤ 7, 63 　　⑥ 18, 30

⑦ 15, 21 　⑧ 28, 24 　⑨ 48, 18

⑩ 50, 90

51단계 ▶ 115쪽

① 4 : 5 　　② 5 : 8 　　③ 4 : 1

④ 2 : 3 　　⑤ 8 : 5 　　⑥ 25 : 13

⑦ 9 : 8 　　⑧ 35 : 16 　⑨ 21 : 19

⑩ 10 : 3 　⑪ 3 : 5 　　⑫ 20 : 9

51단계 ▶ 116쪽

① 8, 10 / 15, 3 　　② 8, 12 / 6, 14

③ 20, 12 / 2, 30 　　④ 27, 18 / 12, 33

⑤ 46, 14 / 28, 32 　　⑥ 64, 8 / 20, 52

52단계 ▶ 117쪽

① 120　　　② 8, 9　　　③ 16

④ 3600, 2400

52단계 ▶ 118쪽

① 15　　② 14　　③ 18　　④ 12

넷째 마당 · 원의 넓이

53단계 ▶ 121쪽

① 3, 12　　　② 3.1, 34.1

③ 3.14, 21.98　　　④ 3.1, 49.6

⑤ 6, 36　　　⑥ 3, 3.1, 18.6

⑦ 2, 3.14, 62.8　　　⑧ 2, 3.1, 74.4

53단계 ▶ 122쪽

① 27 cm　　② 15.7 cm　　③ 37.2 cm

④ 62.8 cm　　⑤ 48 cm　　⑥ 94.2 cm

⑦ 80.6 cm　　⑧ 157 cm

54단계 ▶ 123쪽

① 3, 5　　　② 18.6, 6

③ 3.14, 3　　　④ 24.8, 8

⑤ 3, 14　　　⑥ 12.56, 4

⑦ 40.3, 3.1, 13　　　⑧ 21.98, 3.14, 7

54단계 ▶ 124쪽

① 13 cm　　② 9 cm　　③ 15 cm

④ 13 cm　　⑤ 17 cm　　⑥ 19 cm

⑦ 5 cm　　⑧ 15 cm

55단계 ▶ 125쪽

① 3, 4　　　② 37.2, 6

③ 3.14, 4　　　④ 49.6, 8

⑤ 3, 9　　　⑥ 18.84, 3

⑦ 43.4, 3.1, 7　　　⑧ 37.68, 3.14, 6

55단계 ▶ 126쪽

① 8 cm　　② 2 cm　　③ 5 cm

④ 11 cm　　⑤ 13 cm　　⑥ 12 cm

⑦ 10 cm　　⑧ 15 cm

56단계 ▶ 127쪽

① 4, 4, 48　　　② 5, 5, 77.5

③ 2, 2, 12.56　　　④ 7, 7, 151.9

⑤ 10, 10, 314　　　⑥ 13, 13, 507

⑦ 8, 8, 198.4　　　⑧ 11, 11, 379.94

56단계 ▶ 128쪽

① 27.9 cm^2　② 243 cm^2　③ 113.04 cm^2

④ 375.1 cm^2　⑤ 588 cm^2　⑥ 446.4 cm^2

⑦ 706.5 cm^2　⑧ 1962.5 cm^2

57단계 ▶ 129쪽

① 3, 3, 27.9 　　② 2, 2, 12.56
③ 6, 6, 108 　　④ 8, 8, 198.4
⑤ 9, 9, 243 　　⑥ 5, 5, 78.5
⑦ 15, 15, 697.5 　　⑧ 30, 30, 2826

57단계 ▶ 130쪽

① 3.14 cm² 　② 49.6 cm² 　③ 147 cm²
④ 1256 cm² 　⑤ 432 cm² 　⑥ 375.1 cm²
⑦ 530.66 cm² 　⑧ 615.44 cm²

58단계 ▶ 131쪽

① 49.6 cm² 　② 147 cm² 　③ 251.1 cm²
④ 78.5 cm² 　⑤ 27 cm² 　⑥ 77.5 cm²
⑦ 113.04 cm² 　⑧ 151.9 cm²

58단계 ▶ 132쪽

① 4 cm² 　② 14.4 cm² 　③ 86 cm²
④ 72.9 cm² 　⑤ 49.6 cm² 　⑥ 168 cm²
⑦ 148.8 cm² 　⑧ 942 cm²

59단계 ▶ 133쪽

① 8, 24 　② 6, 18.6 　③ 40, 125.6
④ 18, 55.8 　⑤ 34, 102 　⑥ 8, 16
⑦ 7, 14 　⑧ 14, 28 　⑨ 8, 16

59단계 ▶ 134쪽

① 6, 111.6 　② 11, 363 　③ 4, 50.24
④ 9, 251.1 　⑤ 7, 153.86 　⑥ 15, 675
⑦ 8, 200.96 　⑧ 16, 793.6 　⑨ 12, 452.16

60단계 ▶ 135쪽

① 219.8 　　② 17
③ 113.04 　　④ 260.4

60단계 ▶ 136쪽

①
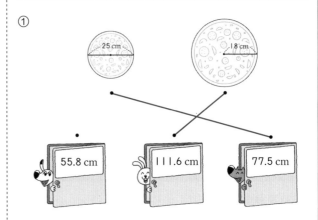

②
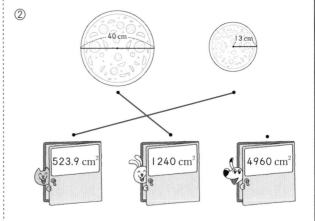

나에게 맞는 '초등 수학 공부 방법' 찾기

저는 계산이 느리거든요!

저는 '나눗셈'이 어려워요.
저는 '분수'가 어려워요.
– 특정 연산만 보강하면
될 것 같은데….

서술형 수학이 무서워요.
– 문장제가 막막하다면?

전반적으로 계산이 느리고 실수가 잦다면, 진도를 빼지 말고 제 학년에 필요한 연산부터 훈련해야 합니다. 수학 교과서 내용에 맞춘 ≪바빠 교과서 연산≫으로 예습·복습을 해 보세요. 학교 수학 교육과정과 정확히 일치해 연산 훈련만으로도 수학 공부 효과를 극대화할 수 있습니다.
부담 없는 분량과 친절한 연산 꿀팁으로 빨리 풀 수 있어, 자꾸 하루 분량보다 더 풀겠다는 친구들이 많다는 놀라운 소식!

빨셈, 곱셈, 나눗셈, 분수, 소수 등 특정 영역만 어렵다면 부족한 영역만 선택해서 정리하는 게 효율적입니다.
예를 들어, 4학년인데 곱셈이 약하다고 생각한다면 곱셈 편을 선택해 집중적으로 훈련하세요.
≪바빠 연산법≫은 덧셈, 뺄셈, 구구단, 곱셈, 나눗셈, 분수, 소수 편으로 구성되어, 내가 부족한 영역만 골라 빠르게 보충할 수 있습니다.

개정 교육 과정은 과정 중심의 평가 비중이 높아져, 정답에 이르는 과정을 서술하게 합니다. 또한 중고등학교에서도 서술 능력은 더욱 비율이 높아지고 있죠. 따라서 요즘은 문장제 연습이 중요합니다.
빈칸을 채우면 풀이 과정이 완성되는 ≪나 혼자 푼다! 수학 문장제≫로 공부하세요!
막막하지 않아요~ 요즘 학교 시험 풀이 과정을 손쉽게 연습할 수 있습니다!

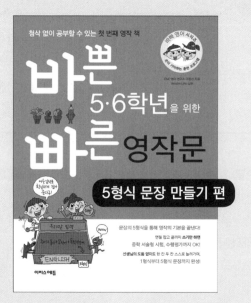